中国履行《生物多样性公约》第六次国家报告

中华人民共和国生态环境部

U0271057

中国环境出版集团·北京

图书在版编目（CIP）数据

中国履行《生物多样性公约》第六次国家报告/中华人民共和国
生态环境部编著.—北京：中国环境出版集团，2019.7
ISBN 978-7-5111-4048-7

Ⅰ.①中… Ⅱ.①中… Ⅲ.①生物多样性－国际公约－研究报告－
中国②生物多样性－环境保护－研究报告－中国 Ⅳ.①Q16②X176

中国版本图书馆CIP数据核字（2019）第144197号
审图号：国审字（2019）第2131号

出 版 人　武德凯
策划编辑　王素娟
责任编辑　王　菲
责任校对　任　丽
封面设计　彭　杉

出版发行　中国环境出版集团（100062 北京市东城区广渠门内大街16号）
　　　　　网　　　址：http://www.cesp.com.cn
　　　　　电子邮箱：bjgl@cesp.com.cn
　　　　　联系电话：010-67112765　编辑管理部
　　　　　　　　　　010-67162011　第四分社
　　　　　发行热线：010-67125803　010-67113405（传真）
印　　刷　北京中科印刷有限公司
经　　销　各地新华书店
版　　次　2019年7月第1版
印　　次　2019年7月第1次印刷
开　　本　787×1092　1/16
印　　张　11
字　　数　180千字
定　　价　78.00元

目　录

执行概要

根据《生物多样性公约》（以下简称《公约》）第 26 条和第十三次缔约方大会第 27 号决定，生态环境部会同中国生物多样性保护国家委员会成员单位，编制了《中国履行〈公约〉第六次国家报告》。本报告主要阐述中国生物多样性保护行动及其成效、实施爱知生物多样性目标的进展、生物多样性保护对 2030 年可持续发展目标的贡献、中国的主要经验和做法、今后优先重点工作。

一、中国生物多样性保护的重要性

生物多样性是指所有来源的活的生物体中的变异性，这些来源包括陆地、海洋和其他水生生态系统及其所构成的生态综合体等，包含物种内部、物种之间和生态系统的多样性。生物多样性是人类赖以生存的条件，是社会经济可持续发展的战略资源，是生态安全和粮食安全的重要保障。中国是世界上生物多样性最为丰富的国家之一，拥有森林、灌丛、草甸、草原、高山冻原、荒漠、湿地、农田等各种陆地生态系统，以及黄海、东海、南海和黑潮流域四大海洋生态系统，此外还有独特的海岸生态系统和海岛生态系统。中国动植物资源极为丰富，已知物种及种下单元数 92 301 种，其中高等植物种数居世界第三位，哺乳动物种数居世界首位。中国的维管植物、哺乳动物、爬行动物、两栖动物、内陆鱼类分别有 56.05%、22.29%、30.80%、66.67%、66.32% 为特有种。中国生物遗传资源丰富，是水稻、大豆等重要农作物的起源地，也是野生和栽培果树的主要起源中心。中国丰富而独特的生物多样性，为人们提供了品种丰富的生产生活必需品、健康安全的生态环境和独特别致的景观文化。生物多样性和传统文化多样性的相互作用和影响，增加了人类在面对突发灾难和多变环境时生存的可能性。然而，自然生境的丧失与破坏、自然资源的过度利用、环境污染、外来物种入侵和全球气候变化等多重压力的相互作用，对中国的生物多样性造成不利影响。保护好中国的生物多样性显得十分必要和紧迫。

二、中国国家生物多样性保护战略和目标任务完成情况

中国政府高度重视生物多样性保护工作，成立了中国生物多样性保护国家委员会，时任国务院副总理的李克强、张高丽先后担任主席。2010 年，国务院批准发布了《中国生物多样性保护战略与行动计划（2011—2030 年）》（以下简称《战略与行动计划》），提出了"到 2020 年，努力使生物多样性的丧失与流失得到基本控制；到 2030 年，使生物多样性得到切实保护"的中长期战略目标，划定了 35 个生物多样性保护优先区域，确定了生物多样性保护的 10 个优先领域及 30 个优先行动（表 1）。

表 1   中国国家生物多样性保护战略与行动计划的实施进展评估

优先行动	进展评估	优先行动	进展评估
1. 制定促进生物多样性保护和可持续利用政策	◕	16. 加强畜禽遗传资源保种场和保护区建设	◕
2. 完善生物多样性保护与可持续利用的法律体系	◕	17. 科学合理地开展物种迁地保护体系建设	◕
3. 建立健全生物多样性保护和管理机构，完善跨部门协调机制	◕	18. 建立和完善生物遗传资源保存体系	◕
4. 将生物多样性保护纳入部门和区域规划、计划	◕	19. 加强人工种群野化与野生种群恢复	◕
5. 保障生物多样性的可持续利用	◕	20. 加强生物遗传资源的开发利用与创新研究	◕
6. 减少环境污染对生物多样性的影响	◕	21. 建立生物遗传资源及相关传统知识保护、获取和惠益共享的制度和机制	◕
7. 开展生物物种资源和生态系统本底调查	◕	22. 建立生物遗传资源出入境查验和检验体系	◕
8. 开展生物遗传资源和相关传统知识的调查编目	◕	23. 提高对外来入侵物种的早期预警、应急与监测能力	◐
9. 开展生物多样性监测和预警	◕	24. 建立和完善转基因生物安全评价、检测和监测技术体系与平台	◕
10. 促进和协调生物遗传资源信息化建设	◕	25. 制订生物多样性保护应对气候变化的行动计划	◕
11. 开展生物多样性综合评估	◕	26. 评估生物燃料生产对生物多样性的影响	◕
12. 统筹实施和完善全国自然保护区规划	◕	27. 加强生物多样性保护领域的科学研究	◕
13. 加强生物多样性保护优先区域的保护	◕	28. 加强生物多样性保护领域的人才培养	◕
14. 开展自然保护区规范化建设，提高自然保护区管理质量	◕	29. 建立公众广泛参与机制	◕
15. 加强自然保护区外生物多样性的保护	◕	30. 推动建立生物多样性保护伙伴关系	◕

注：● 全部实现；◕ 有很大进展；◑ 有一定进展；◔ 进展缓慢

2012 年 11 月召开的中国共产党第十八次全国代表大会提出了"建设美丽中国"的宏大愿景，把生态文明建设纳入中国特色社会主义建设"五位一体"总体布局，上升为党的执政理念和国家意志。2017 年 10 月，中国共产党第十九次全国代表大会梳理了五年来取得的历史性成就，对生态文明建设进行了系统总结和重点部署；要求树立和践行"绿水青山就是金山银山"的理念，坚持节约资源和保护环境的基本国策，像对待生命一样对待生态环境，统筹山水林田湖草系统治理，实行最严格的生态环境保护制度，形成绿色发展方式和生活方式。

近年来，中国政府积极贯彻实施《战略与行动计划》，通过逐步完善生物多样性保护体制机制、加强就地保护和迁地保护、实施退化生态系统修复、强化执法检查和责任追究、加强科学研究和人才培养、推动公众参与、深化国际合作等政策措施，较好地完成了《战略与行动计划》规定的目标和任务。在 30 个优先行动中，20 个行动有很大进展，9 个行动有一定进展，1 个行动进展缓慢（表 1）。

这些优先行动的成效体现在以下 4 个方面：

（1）基本建立了具有中国特色的生物多样性保护与管理体系；

（2）生态环境状况明显改善；

（3）一些国家重点保护野生动植物种群数量稳中有升，分布范围逐渐扩大，生境质量持续改善；

（4）在保护生物多样性的同时地方经济社会得到全面发展，贫困人口数量大幅下降。

三、中国实施爱知生物多样性目标的进展

2020 年全球生物多样性目标（即爱知目标）由 5 个战略目标和 20 个纲要目标组成。本报告从压力、状态、惠益、响应等 4 个方面，设计中国关于爱知目标的国家生物多样性评估指标体系（包括 20 个一级指标、66 个二级指标）。基于评估指标的时间序列数据和现有证据，对中国实施爱知目标的进展进行评估，得出的主要结论如下：

• 战略目标 A：通过将生物多样性纳入整个政府和社会的主流来解决生物多样性丧失的问题

当今中国，生物多样性越来越多地为公众所关注，公众的生物多样性保护意识明显提高（目标 1）。在国家和地方发展规划及扶贫战略中，坚持"绿水青山就是金山银山"的基本理念，制定和执行大量有利于生物多样性保护和可持续利用的政策措施（目标 2）。生态环境损害的修复和赔偿制度逐步建立，重点生态功能区转移支付和生态补偿投入持续提高（目标 3）。通过调整产业结构、打好污染防治攻坚战、提高资源利用效率，单位国内生产总值污染物排放和能源消耗大幅度下降，绿色发展方式和生活方式逐步形成（目标 4）。

• 战略目标 B：减少保护生物多样性的直接压力和促进可持续利用

中国通过实施天然林资源保护、退耕还林、防护林体系建设、湿地保护与恢复、防沙治沙、石漠化治理、野生动植物保护及自然保护区建设等一批重大生态保护与恢复工程，

自然生境（除草地外）丧失的势头得到初步遏制，中国已成为世界上森林资源增长最多的国家，但草地生态系统面积减少（目标5）。尽管实施了休渔和禁渔制度，但工程建设、过度捕捞等不合理活动仍对水生生态系统及鱼类多样性造成重大影响（目标6）。通过大力推广农林业可持续管理理念和良好的农林、水产养殖业操作规范，农业、森林可持续管理水平明显提高（目标7）。通过大力推行污染控制和资源综合利用的政策措施，主要污染物排放量持续下降，空气和水环境质量明显改善（目标8）。尽管采取了一系列防治外来入侵物种的行动，但生物入侵防治形势依然严峻，全国外来入侵物种种数、口岸截获有害生物的种数和批次呈增加趋势（目标9）。中国在应对气候变化方面取得积极进展，扭转了二氧化碳排放快速增长的局面，经济增长和碳排放脱钩的趋势初步显现，但珊瑚礁、红树林、西南岩溶山地区等脆弱生态系统的保护形势依然严峻（目标10）。

• 战略目标C：通过保护生态系统、物种和遗传多样化改善生物多样性的状况

中国已基本形成类型较为齐全、布局基本合理、功能相对完善的自然保护地体系，各类自然保护地的面积和数量均呈现上升趋势，其中陆地自然保护地面积占比已达18%，超过90%的陆地自然生态系统类型、89%的国家重点保护野生动植物种类在自然保护地得到保护，但海洋保护地面积占比尚未达到10%的全球保护目标，自然保护地的生态代表性和管理有效性有待提高（目标11）。尽管中国政府采取了大量保护物种和恢复生境的措施，但物种多样性下降趋势尚未得到有效遏制，大量珍稀物种仍濒临灭绝（目标12）。栽培植物、养殖和驯养动物及其他重要物种的遗传多样性保护状况得到改善，但遗传资源丧失和流失的问题仍较突出（目标13）。

• 战略目标D：增进生物多样性和生态系统给所有人带来的惠益

在大力开展生态系统保护和修复的同时，当地贫困居民从生物多样性保护中获取的各种惠益和福祉持续提高，贫困人口数量大幅度下降（目标14）。一批重大生态保护与修复工程的实施，提升了退化生态系统的植被覆盖和固碳功能，生态环境质量明显改善（目标15）。中国已成为《生物多样性公约关于获取遗传资源和公正和公平分享其利用所产生惠益的名古屋议定书》（以下简称《名古屋议定书》）的缔约方，正在完善生物遗传资源获取与惠益分享的相关制度（目标16）。

• 战略目标E：通过参与性规划、知识管理和能力建设，加强执行工作

中国政府积极推动《战略与行动计划》的实施，同时在省级层面加以贯彻落实，较好地完成了《战略与行动计划》规定的目标和任务（目标17）。中国政府尊重和维护有关生物多样性保护和可持续利用的传统知识、创新和做法，尤其在传统医药、非物质文化遗产和地方品种资源保护等方面成绩显著（目标18）。加大研发投入，推动生物多样性领域研究成果推广，生物多样性保护和可持续利用的知识和科学基础不断增加（目标19）。通过大幅度、多渠道增加用于执行战略计划的资金，全面提升了各级政府保护和可持续利用生物多样性的能力（目标20）。

总之，中国在实施爱知目标方面取得积极进展。其中，正在超越目标 14（恢复和保障重要生态系统服务）、目标 15（增加生态系统的复原力和碳储量）和目标 17（实施《战略与行动计划》）；正在实现目标 1、目标 2、目标 3、目标 4、目标 5、目标 7、目标 8、目标 11、目标 13、目标 16、目标 18、目标 19 和目标 20；然而，目标 6（可持续渔业）、目标 9（防止和控制外来入侵物种）、目标 10（减少珊瑚礁和其他脆弱生态系统的压力）和目标 12（保护受威胁物种）取得一定进展，但速度缓慢（表 2）。

表 2　中国实施 2020 年全球生物多样性目标的进展评估

目标	结论	目标	结论
目标 1：最迟到 2020 年，人们认识到生物多样性的价值，并知道采取何种措施来保护和可持续利用生物多样性	☺	目标 2：最迟到 2020 年，生物多样性的价值被纳入国家和地方发展和扶贫战略及规划进程，并被酌情纳入国民经济核算体系和报告系统	☺
目标 3：最迟到 2020 年，废除、淘汰或改革危害生物多样性的鼓励措施（包括补贴），以尽量减少或避免消极影响，制定和执行有助于保护和可持续利用生物多样性的积极鼓励措施，并遵照《公约》和其他相关国际义务，顾及国家社会经济条件	☺	目标 4：最迟到 2020 年，所有级别的政府、商业和利益相关方都已采取措施，实现或执行了可持续的生产和消费计划，并将利用自然资源造成的影响控制在安全的生态限值范围内	☺
目标 5：到 2020 年，包括森林的所有自然生境的丧失速度至少减少一半，并在可行情况下降低到接近零，同时大幅度减少退化和破碎化程度	☺	目标 6：到 2020 年，以可持续和合法的方式管理和捕捞所有鱼群、无脊椎动物种群及水生植物，并采用基于生态系统的方式，避免过度捕捞，同时对所有濒临灭绝物种制订恢复的计划和措施，使渔业对受威胁鱼群和脆弱生态系统不产生有害影响，渔业对种群、物种和生态系统的影响在安全的生态限值范围内	≈
目标 7：到 2020 年，农业、水产养殖业及林业用地实现可持续管理，确保生物多样性得到保护	☺	目标 8：到 2020 年，污染，包括营养物过剩造成的污染被控制在不对生态系统功能和生物多样性构成危害的范围内	☺
目标 9：到 2020 年，查明外来入侵物种及其入侵路径并确定其优先次序，优先物种得到控制或根除，并制定措施对入侵路径加以管理，以防止外来入侵物种的引进和种群建立	≈	目标 10：到 2015 年，尽可能减少由气候变化或海洋酸化对珊瑚礁和其他脆弱生态系统的多重人为压力，维护它们的完整性和功能	≈

目标	结论	目标	结论
目标 11：到 2020 年，至少有 17% 的陆地和内陆水域以及 10% 的沿海和海洋区域，尤其是对于生物多样性和生态系统服务具有特殊重要性的区域，通过有效而公平管理的、生态上有代表性和连通性好的保护区系统及其他基于区域的有效保护措施得到保护，并被纳入更广泛的陆地景观和海洋景观	☺	目标 12：到 2020 年，防止已知受威胁物种的灭绝，且其保护状况，尤其是其中减少最严重的物种的保护状况得到维持和改善	≈
目标 13：到 2020 年，保持栽培植物、养殖和驯养动物及野生近缘物种，包括其他社会经济以及文化上的宝贵物种的遗传多样性，同时制定并执行减少遗传侵蚀和保护遗传多样性的战略	☺	目标 14：到 2020 年，提供重要服务（包括与水相关的服务）以及有助于健康、生计和福祉的生态系统得到恢复和保障，同时顾及妇女、土著人民和地方社区以及贫穷和弱势群体的需要	☺
目标 15：到 2020 年，通过养护和恢复行动，生态系统的复原力以及生物多样性对碳储存的贡献得到加强，包括恢复至少 15% 退化的生态系统，从而有助于减缓和适应气候变化及防止荒漠化	☺	目标 16：到 2015 年，《生物多样性公约关于获取遗传资源和公正和公平分享其利用所产生惠益的名古屋议定书》已经根据国家立法生效并实施	☺
目标 17：到 2015 年，各缔约方已经制定、作为政策工具通过和开始执行了一项有效、参与性高的最新国家生物多样性战略与行动计划	☺	目标 18：到 2020 年，与生物多样性保护和可持续利用有关的土著人民和地方社区的传统知识、创新和做法以及他们对生物资源的习惯性利用得到尊重，并纳入和反映到《公约》的执行中，这些应与国家立法和国际义务相一致并由土著人民和地方社区在各级层次充分和有效参与	☺
目标 19：到 2020 年，已经提高、广泛分享和转让并应用与生物多样性及其价值、功能、状况和变化趋势以及有关其丧失可能带来的后果的知识、科学基础和技术	☺	目标 20：最迟到 2020 年，依照"资源调集战略"商定的进程，用于有效执行战略计划而从各种渠道筹集的财务资源将较目前水平有大幅提高	☺

注：☺ 正在超越；☺ 正在实现；≈ 取得一定进展但速度缓慢

四、对 2030 年可持续发展目标的贡献

中国在生物多样性领域落实 2030 年可持续发展目标方面总体取得积极进展。其中，可持续发展目标 1（消除贫困）、目标 2（消除饥饿）、目标 3（健康生活方式）、目标 4（公平教育）、目标 6（水和环境卫生）、目标 8（经济增长）、目标 10（减少区域不平等）、目标 12（可持续消费和生产）、目标 13（应对气候变化）和目标 15（保护陆地生态系统）等 10 个目标实施进展良好。但作为全球最大的发展中国家，中国在落实 2030 年可持续发展目标的过程中仍面临艰巨的挑战，如何消除贫困、改善民生、化解社会矛盾、实现共同富裕、完善国家治理体系、提高治理能力，以及实现各地区、各层次、各领域间的协同发展，仍是中国实现 2030 年可持续发展目标面临的最大挑战。

五、中国生物多样性保护的主要经验及优先重点

中国生物多样性保护的经验包括：（1）确立保护优先和绿色发展的战略。（2）完善生物多样性保护体制机制。（3）加大生态系统保护和修复力度。（4）强化执法检查和责任追究。（5）政府主导与公众参与。（6）推动国际合作与交流。然而，中国法律法规体系有待进一步完善，全社会保护意识和参与能力有待提高，经济发展和生物多样性保护矛盾依然突出，保护基础设施建设薄弱，科技支撑力能力尚显不足，生物多样性下降的总体趋势尚未得到有效遏制，生物多样性保护形势依然严峻。

今后，应进一步加强以下工作：

（1）完善生物多样性保护法律法规，加大执法监督力度。

（2）推动生物多样性在各级政府政策和管理决策中的主流化，将生物多样性保护纳入生态补偿政策。

（3）加快实施生物多样性保护重大工程，掌握生物多样性本底和动态变化，全面提升各级政府生物多样性保护与管理水平。

（4）以草地生态系统、海洋生态系统和其他脆弱生态系统的保护修复为重点，提升生态系统的质量和稳定性。

（5）建立公众参与生物多样性保护的机制，形成全社会支持和参与生物多样性保护的良好氛围。

（6）提高自然保护区保护水平，科学构建生物多样性保护网络，建立以国家公园为主体的自然保护地体系。

（7）逐步完善外来入侵物种的预警和监测体系，开展外来物种风险评估；开展转基因生物环境释放风险评估，制定生物遗传资源获取和惠益分享法律法规，公平合理地使用生物遗传资源。

（8）加强生物多样性保护科学研究和人才培养，为生物多样性保护和管理提供有力的科技支撑。

（9）积极开展生物多样性履约活动与国际合作。

第一章
中国生物多样性现状

1.1 中国丰富而独特的生物多样性及其受威胁状况

中国地域辽阔，地貌类型复杂，横跨多个气候带，孕育了丰富而又独特的生物多样性，是世界上生物多样性最丰富的 12 个国家之一（环境保护部[1]，2011）。在陆地生态系统类型方面，中国拥有森林 212 类、灌丛 113 类、草甸 77 类、草原 55 类、荒漠 52 类。自然湿地有沼泽湿地、近海和海岸湿地、河滨湿地和湖泊湿地等四大类。近海海域拥有黄海、东海、南海和黑潮流域四大海洋生态系统，分布有滨海湿地、红树林、珊瑚礁、河口、海湾、潟湖、岛屿、上升流、海草床等典型海洋生态系统（生态环境部，2018）。

在物种多样性方面，已知物种及种下单元数 92 301 种。其中，动物界 38 631 种、植物界 44 041 种、细菌界 469 种、色素界 2 239 种、真菌界 4 273 种、原生动物界 1 843 种、病毒 805 种（生态环境部，2018）。中国高等植物种数居世界第三位，仅次于巴西和哥伦比亚，中国是世界上裸子植物最多的国家。中国有脊椎动物 7 300 余种，占世界总种数的 11%，其中哺乳动物 673 种，居世界首位（环境保护部和中国科学院，2015）。中国海域物种丰富，已记录到海洋生物 28 000 多种，约占全球海洋已记录物种数的 11%。

中国生物遗传资源丰富，是水稻、大豆等重要农作物的起源地，也是野生和栽培果树的主要起源中心。中国有栽培作物 1 339 种，其野生近缘种达 1 930 个；经济树种在1 000 种以上，果树种类居世界第一，中国原产的观赏植物种类达 7 000 种。中国是世界上家养动物品种最丰富的国家之一，有家养动物品种 576 个（环境保护部，2011）。

在空间分布上，从北到南依次分布着寒温带针叶林、温带针阔混交林、暖温带落叶阔叶林、亚热带常绿阔叶林、热带季雨林、雨林等地带性植被类型。在北方，随着降水量的减少，从东到西，针阔混交林和落叶阔叶林依次更替为草甸草原、典型草原、荒漠化草原、草原化荒漠、典型荒漠和极旱荒漠；在南方，东部亚热带湿润区常绿阔叶林与西部硬叶常绿阔叶林发生了不少同属不同种的物种替代。在局地分布上，中国西南高山峡谷地区，由于地形和气候的剧烈变化，短距离内分布着多种生态系统，汇集着大量物种。其中横断山脉是中国生物多样性最为丰富的地区。根据《全国生态状况变化（2010—2015 年）遥感调查评估报告》，2015 年，全国以草地、森林、农田和荒漠等 4 种类型生态系统为主，占国土陆地面积的 82.6%。自然生态空间约占陆地国土面积的 78.0%，主要由森林、灌丛、

1　根据全国人民代表大会决定，"环境保护部"名称变更为"生态环境部"，2018 年 3 月 17 日前沿用原机构名称，之后采用现机构名称。本报告涉及的其他国务院下设机构名称采用情况类同，详见附录 3。

草地、湿地和荒漠生态系统构成（图 1-1）。农业空间约占陆地国土面积的 18.9%，主要是农田生态系统。城镇空间约占陆地国土面积的 3.1%，主要是城镇建设用地。

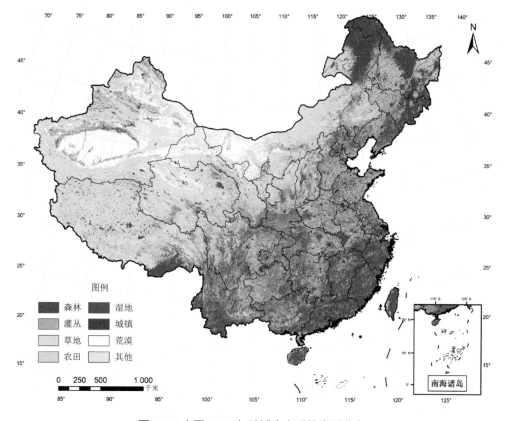

图 1-1 中国 2015 年陆域生态系统类型分布

数据来源：环境保护部 / 中国科学院《全国生态状况变化（2010—2015 年）遥感调查评估报告》，由生态环境部卫星应用中心提供。

中国维管植物分布的热点地区主要位于岷山、邛崃山、横断山、喜马拉雅山东南段、秦岭、伏牛山、大巴山、武陵山、武夷山、南岭、西双版纳、滇东南—桂西—黔南山区、桂西南山区、海南中南部山区及台湾山区（图 1-2a）。内陆水域鱼类物种丰富度以长江流域和珠江流域最为丰富，淮河流域和黑龙江流域次之，热点地区主要位于长江上游干流及其支流嘉陵江、乌江、珠江、闽江、鄱阳湖和洞庭湖等地（图 1-2b）。两栖动物、爬行动物大体分布在秦岭—淮河以南地区，热点地区主要位于武夷山、西双版纳、桂西南山区、南岭和海南中南部山区等地（图 1-2c，图 1-2d）。鸟类大部分具迁徙性，春季北迁至繁殖地，而秋季南迁至越冬地，热点地区主要分布在环渤海地区、台湾地区、两广沿海地区、鄱阳湖区、藏东南、横断山及滇西北高黎贡山和西双版纳地区等地（图 1-2e）。哺乳动物物种丰富度与植物的分布相似，热点地区主要位于喜马拉雅山脉东南段、横断山、岷山、邛崃山、秦岭、大巴山、武夷山、西双版纳地区、桂西南边境地区和海南中南部山区等地（图 1-2f）（徐海根等，2013）。

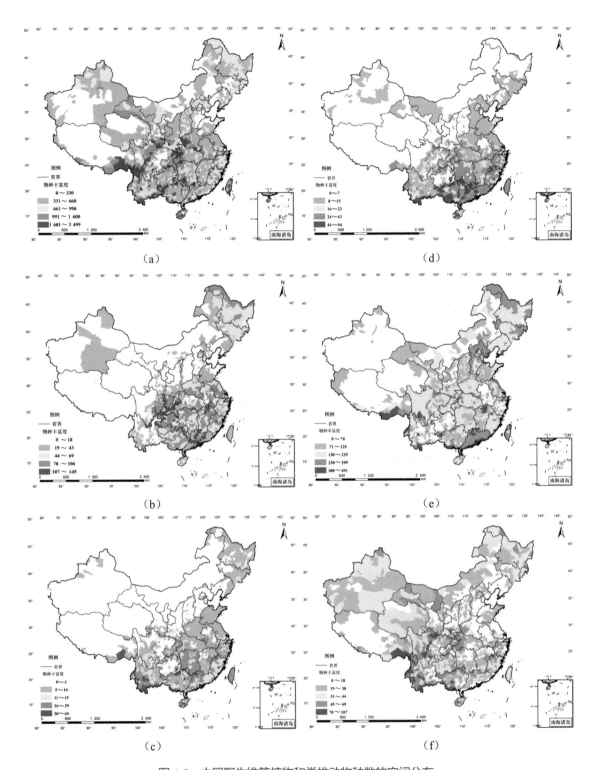

图 1-2 中国野生维管植物和脊椎动物种数的空间分布

注：（a）维管植物；（b）内陆水域鱼类；（c）两栖动物；（d）爬行动物；（e）鸟类；（f）哺乳动物
数据来源：徐海根，曹铭昌，吴军，等，2013.

中国复杂多样的自然地理条件孕育了极其丰富的特有物种。中国 56.05% 的维管植物为特有植物，如银杏、银杉、水杉、铁杉、百山祖冷杉和珙桐等。中国植物特有属在空间上形成三大特有中心，即川东—鄂西特有中心、川西—滇西北特有中心和滇东南—桂西特有中心（应俊生和陈梦玲，2011）。中国特有哺乳动物有 150 种，约占全国哺乳动物总种数的 22.29%；中国特有鸟类有 77 种，约占全国鸟类总种数的 5.61%；中国特有爬行动物有 142 种，占全国爬行动物总种数的 30.80%；中国特有两栖动物有 272 种，占全国两栖动物总种数的 66.67%；中国内陆水域特有鱼类有 957 种，占全国内陆鱼类总种数的 66.32%（环境保护部和中国科学院，2015）。

中国也是世界上生物多样性受威胁较为严重的国家之一。《中国生物多样性红色名录——高等植物卷》对 34 450 种高等植物的濒危状况进行了评估。中国高等植物受威胁的物种共计 3 767 种，约占评估物种总数的 10.9%。需要重点关注和保护的高等植物达 10 102 种，占评估物种总数的 29.3%（环境保护部和中国科学院，2013）。受威胁物种中，裸子植物为 51.0%，被子植物为 11.4%。

《中国生物多样性红色名录——脊椎动物卷》对 4 357 种脊椎动物的濒危状况进行了评估。中国脊椎动物受威胁物种数为 932 种，占被评估物种总数的 21.4%；其中，哺乳动物受威胁物种共计 178 种，占哺乳动物物种总数的 26.4%；受威胁鸟类为 146 种，受威胁比例 10.6%；受威胁的爬行动物共计 137 种，受威胁比例 29.7%，高于世界爬行动物受威胁比例（21.2%）；两栖动物受威胁物种有 176 种，受威胁比例 43.1%，远高于全球两栖动物受威胁比例（30.6%）；内陆水域鱼类受威胁物种共计 295 种，受威胁比例 20.3%（环境保护部和中国科学院，2015）。

《中国生物多样性红色名录——大型真菌卷》对中国已知的 9 302 种大型真菌的生存和受威胁状况进行了评估。中国受威胁的大型真菌 97 种，包括疑似灭绝 1 种、极危 9 种、濒危 25 种、易危 62 种，占被评估大型真菌物种总数的 1.04%；受威胁的中国特有大型真菌 57 种，占中国特有大型真菌物种总数的 4.20%；需关注和保护的大型真菌高达 6 538 种，占被评估物种总数的 70.29%（生态环境部和中国科学院，2018）。

中国遗传资源丧失未得到有效遏制。根据第二次全国畜禽遗传资源调查的结果，全国有 15 个地方畜禽品种资源未被发现，超过一半的地方品种的数量呈下降趋势，濒危和濒临灭绝品种约占地方畜禽品种总数的 18%（农业部，2016）。第三次全国农作物种质资源普查阶段性成果表明，中国种质资源保护形势不容乐观，部分地方品种和主要农作物野生近缘种等特有种质资源的丧失速度明显加快。广西壮族自治区 1981 年有野生稻分布点 1 342 个，2015 年仅剩 325 个（农业部等，2015）。

1.2　中国生物多样性与人类福祉

生物多样性有着极高甚至无法计量的价值，与人类福祉关系极其密切。生物多样性是人类社会赖以生存和发展最为重要的物质基础。人类的生产、生活依赖于生物多样性，尤其是在经济和社会发展水平落后的地区，居民最基本的食物和能源等生活必需品在很大程度上依赖于生物多样性。

生物多样性为人类提供各种生态系统服务和产品。例如，森林为人类提供木料和非木质林产品等，数量庞大的人群依赖这些产品为生。国家林业局与国家统计局联合对外发布的中国森林资源核算研究成果显示，全国林地林木资产总价值 21.29 万亿元，人均拥有森林财富 1.57 万元。全国森林生态系统服务核算结果表明，中国森林生态系统每年提供的主要生态服务的总价值为 12.68 万亿元，相当于 2013 年中国 GDP 总量的 22.3%，即森林每年为每位国民提供了 0.94 万元的生态服务（国家林业局和国家统计局，2014）。

湿地为人类提供着重要的生态系统服务，被誉为"地球之肾""生命摇篮""物种基因库""鸟类乐园"，具有巨大的生态功能，是重要的生命支撑系统。中国湿地面积约占国土面积的 5.58%，是淡水安全的生态保障，维持着约 2.7 万亿吨淡水，保存了全国 96% 的可利用淡水资源。湿地净化水质功能十分显著，每公顷湿地每年可去除 1 吨多氮和 0.13 吨磷，为降解污染发挥了巨大的生态功能。

传粉是一种基本的生态系统服务，不仅对野生植物繁殖必不可少，对维持农业生产也至关重要。全球有近 90% 的野生有花植物物种部分依赖动物传粉。动物传粉也直接关系到农产品的产量，依赖动物传粉的农产品产量占全球产量的 5% ～ 8%（IPBES, 2016）。中国是农业大国，昆虫授粉对农业生产起着十分关键的作用。每年中国蜜蜂授粉促进农作物增产产值超过 500 亿元，按蜜蜂为水果、蔬菜授粉率提高到 30% 测算，全国新增经济效益可达 160 多亿元（农业部，2010）。

据世界卫生组织估计，全世界 80% 的发展中国家，约 30 亿人口依赖于植物药物治疗疾病，一些植物提取成分成为重要的药物，如紫杉醇、银杏黄酮和青蒿素等。中国传统药物有 1.2 万多种，约 80% 的人口依赖传统医药和治疗方法。这些传统医药在抗癌、止痛、接骨、避孕、风湿和精神治疗及驱虫、杀虫方面有独特效果（裴盛基，2000；薛达元和郭泺，2009）。

生物多样性和文化多样性是相互影响和作用的整体（蒋志刚和马克平，2014），文化多样性增加了人类在面对突发灾难和多变环境时生存的可能性。在中国古代，涌现了大量感受生物多样性与和谐生态的诗词，从歌春的孟浩然《春晓》到颂夏的杨万里《晓出净慈寺送林子方》，从咏秋的王维《山居秋暝》到叹冬的杜甫《小至》，古人充分享受大自然四季中春听鸟声、夏听蝉鸣、秋听虫啼、冬听雪落的情趣。居住在黑龙江北部森林中的鄂伦春族，在长期适应自然的过程中和驯鹿结成了亲密的关系，驯鹿不仅作为他们的食物、药物和运输工具，也融入他们的语言、宗教、建筑和习俗中。中国是历史上最早进行稻田养鱼的国家，这种传统的生态农业方式既充分合理地利用了水土资源，又能增产粮食和水产品，具有显著的经济、社会和生态效益，因而被传承下来，并在我国稻作区广泛传播，成为极具生命力的农业文化遗产。中国南方竹类资源丰富，竹子也就成为南方各民族主要的生产和生活原料，竹文化成为滇西和滇西南地区民族传统文化的重要组成部分，甚至发展到竹崇拜。

生物多样性也是科学发现和发明的源泉。20 世纪 70 年代，中国著名水稻育种专家袁隆平院士利用海南发现的野生稻不育株与栽培种杂交，成功地实现了水稻的杂交制种，为世界粮食安全做出了卓越贡献。中国女药学家屠呦呦受中国典籍《肘后备急方》启发，从植物青蒿中成功提取出青蒿素。青蒿素的发现，拯救了全球，特别是发展中国家数百万人的生命。

案例 1.1　中国农业生物多样性利用模式

中国的传统农业蕴含了很多生物多样性利用的思想和科学原理，如间作套种、桑基鱼塘、稻田养鱼等。近年来，中国科研人员在农田生物多样性利用方面获得了长足的进步。

云南农业大学在利用水稻遗传多样性控制病害方面取得了显著进展，稻瘟病敏感品种和抗病品种间作可以显著控制敏感品种糯稻的稻瘟病，糯稻病指下降94%，产量增加89%。

中国农业大学在物种多样性提高生产力和养分资源高效利用方面取得了显著进展，发现多样性的作物体系（如蚕豆和玉米间作）通过植物之间的互作，特别是磷活化能力强的作物活化土壤难溶性磷，促进磷活化能力弱的作物从土壤中吸收磷，从而增加整个系统作物的生产力。

浙江大学研究发现稻鱼系统（水稻和鱼）中植物和动物之间的互作提高了系统的抗逆性，从而增加了系统的稳定性。

此外，一些禾本科和豆科作物的间作，如蚕豆和玉米的间作，作物种间的地下部相互作用使禾本科作物利用更多的土壤氮，豆科作物利用更多的空气氮，降低了氮素竞争，强化了生态位的互补和种间促进，显著增加了作物的生产力。

作物多样性种植（间套作）体系（摄影：李隆）

注：作物多样性种植（间套作）体系，由于高效利用地上部的光热资源和地下部的养分资源，增加单位面积上的生产力，被甘肃省景泰县黄河沿岸农民广泛应用。

案例 1.2 有机蔬菜长期种植对土壤生物多样性的影响

近几十年来，常规农业由于过量施用化学品，导致了一系列的环境问题，在此背景下世界范围内开始了不同替代农业包括有机农业的探索。2002 年，中国农业大学率先在河北曲周实验站启动了有机农业长期定位实验，旨在比较有机（ORG）、综合（INT）和常规（CON）三种种植模式下蔬菜生长、病虫害发生、生物多样性及元素循环特征，探讨有机蔬菜生产的科学机理、技术途径及推广可行性。多年研究发现土壤生物多样性发生了很大的变化，主要发现如下：

（1）有机模式提高了表层土壤的微生物量碳氮含量。对 2008 年各月份的表层土壤进行微生物量碳氮测定，发现三种种植模式中各时期的微生物量碳氮含量均以有机模式最高，综合模式次之，常规模式最低。

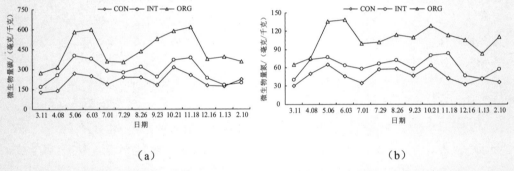

（a）   （b）

不同种植模式下 0 ～ 20 厘米土壤微生物量碳（a）和氮（b）的动态变化

（2）有机模式显著提高了表层土壤细菌的多样性。对 2014 年 4 月（t_1）、6 月（t_2）、9 月（t_3）三种种植模式下表层土壤的细菌数量及结构进行分析，表明长期有机种植显著提高了土壤细菌的丰度，改变了细菌的群落结构，并提高了可以降解难利用碳源的 *Acidobacteria Gp6*（酸杆菌）和 *Iganavibacteria*（懒小杆菌）的相对丰度。

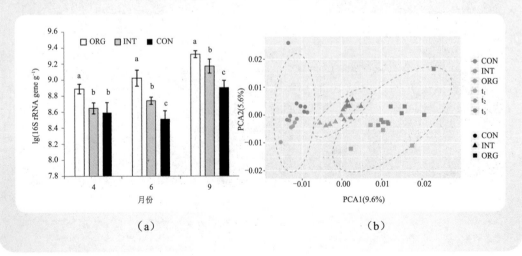

（a）   （b）

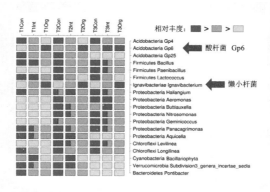

（c）

细菌 16S rRNA 基因拷贝数（a）、细菌群落结构主成分分析（b）及关键种群相对丰度（c）

（3）有机模式提高了表层土壤的真菌数量及多样性。2012 年 5 个月份的数据显示，与常规模式相比，有机模式显著提高了 0～20 cm 土层的真菌 ITS 拷贝数和 Shannon-Wiener 指数。

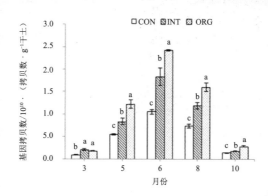

不同种植模式下土壤真菌 ITS 基因拷贝数

（4）有机模式提高了表层土壤的功能群数量、连通度和食物链长度。由土壤食物网结构指标表可知，表层土壤中，有机模式的功能群数量、连通度、食物链长度的最大值和平均值均为最高，食物网多样性显著高于常规对照。

土壤食物网结构指标表

取样深度	管理模式	功能群数量	连通度	食物链长度		食物网多样性
				最大值	平均值	
0～10 厘米	CON	18	0.22	6	3.83	2.02b
	INT	18	0.22	6	3.83	2.06b
	ORG	19	0.24	7	4.46	2.33a

以上结果表明，有机蔬菜种植在提高土壤生物多样性方面具有明显的优势。

案例 1.3 稻鱼共生系统

浙江大学自 2005 年以来进行稻鱼共生系统方面的研究。研究发现，稻鱼系统中水稻和田鱼之间的相互作用降低了水稻病虫草害的发生，减少了农药的施用，提高了系统的抗逆能力，从而增加了稻田系统产出的稳定性；此外，稻鱼系统中水稻和田鱼之间互补循环利用氮素资源，提高了氮素利用效率（Xie et al., 2011）。研究还发现，稻鱼系统为丰富的遗传多样性的保持和利用提供了条件，稻鱼系统中多种遗传表型不同的田鱼共存，这些田鱼生长、取食行为和食物组成存在差异，互补利用稻田资源，提高了资源利用效率，从而提高稻田系统总体生产力。稻鱼共生系统的研究结果显示，农业系统可根据生物之间的互惠关系配置物种（遗传）多样性的种养结合体系和模式，促进农业的可持续生产。

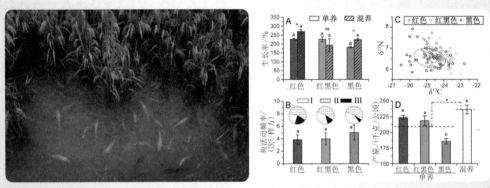

稻鱼系统（左图）和遗传表型不同的田鱼对资源的利用差异及生长和产量表现（右图）

1.3 中国生物多样性面临的主要威胁

中国生物多样性面临的威胁是多方面的，主要包括自然生境的丧失与破坏、自然资源的过度利用、环境污染、外来物种入侵和全球气候变化等。

（1）自然生境的丧失与破坏

20 世纪 50—90 年代的湿地开垦，造成湿地面积大幅度减少。近年来，虽然内陆水域面积有所增长，但滩涂围垦面积仍在扩大。第二次全国湿地资源调查（2009—2013 年）显示，与第一次调查相比，全国湿地面积减少 339.63 万公顷，减少率为 8.82%，其中滨海湿地面积减少 136.12 万公顷，减少率为 22.91%，人为活动占用和湿地用途改变是主要原因。

草地开垦和虫鼠危害时有发生。农业部发布的《2017 年全国草原违法案件统计分析报告》显示：2017 年各类草原违法案件发案总数 1.3 万余起，破坏草原面积 0.75 万公顷。2017 年，全国草原鼠害危害面积 2 844.7 万公顷，约占全国草原总面积的 7.2%。全国草原虫害危害面积 1 296.1 万公顷，约占全国草原总面积的 3.3%。

产卵场、索饵场、越冬场、洄游通道等重要栖息地的丧失是水生生物多样性减少的主要原因之一。受长期围湖造田、挖砂采石、交通航运等影响，白鳍豚、白鲟、鲥鱼已功能性灭绝，长江江豚、中华鲟成为极危物种（生态环境部等，2018）。

（2）自然资源的过度利用

由于具有药用、食用、观赏等多方面的经济价值，野生动植物往往成为非法贸易的对象。虽然中国采取了一系列执法行动，但是非法贸易的现象仍然存在。中国境内盗猎、偷采、非法经营的野生动植物上百种，严重威胁濒危动植物种群的安全。中国一些兰科植物经过近 20 年的毁灭性采挖，野生资源遭到严重破坏，部分兰科植物种类已经濒临灭绝。

渔业资源过度捕捞和非法捕捞问题十分突出，导致水生生物种数和种群数量急剧减少，主要经济鱼类趋于低龄化、小型化。近年来，长江四大家鱼年均卵苗数量不到 20 世纪 60 年代的 3%。曾经在黄河流域分布较广的北方铜鱼已多年未捕获到。珠江 100 余种鱼类由常见种、优势种演替为稀有种或濒危种（生态环境部等，2018）。

（3）环境污染

大量工业废水和生活污水的排放以及农药化肥的不合理使用，使重点流域水环境持续恶化，对水生生物多样性构成巨大威胁。2017 年，全国地表水 1 940 个水质断面（点位）中，Ⅳ类、Ⅴ类的比例达 23.8%，劣Ⅴ类的比例为 8.3%，主要污染指标为化学需氧量、五日生化需氧量、氨氮和高锰酸盐指数（生态环境部，2018）。受环境污染的影响，监测的河口、海湾、滩涂湿地、珊瑚礁、红树林和海草床等典型海洋生态系统的 20 个生态监测区中，4 个处于健康状态、14 个处于亚健康状态、2 个处于不健康状态，这对海洋生物多样性造成较大威胁（生态环境部，2018）。

（4）外来物种入侵

作为贸易大国，中国成为世界上遭受外来入侵物种危害最严重的国家之一。2011—2015 年，全国各出入境检验检疫机构在进境农产品检疫过程中累计截获外来有害生物 8 945 种。中国外来入侵物种呈现传入数量增多、危害加剧的趋势。据统计，目前中国外来入侵物种已达 560 多种；在世界自然保护联盟公布的全球 100 种恶性外来入侵物种中，中国就有 51 种。

（5）全球气候变化

气候变化对中国的自然生态系统和生物多样性产生了显著影响，主要包括生境退化或丧失、物种灭绝速率上升、物种分布转移、生物物候和繁殖时间改变、种间关系变化等，给中国生物多样性保护带来新的问题与挑战（吴建国等，2011；於琍等，2014）。例如，青藏高原冰川融化、高山植被格局发生变化、林线上升。中国东北、华北以及长江下游的部分植物的春季物候期提前，而秦岭以南、西南东部、长江中游等地区的植物春季物候期推迟（袁婧薇和倪健，2007）。20 世纪 50 年代—21 世纪初，中国沿海地区海平面呈上升趋势，已经对海洋及海岸带生物多样性产生影响。

第二章
中国生物多样性保护行动及其成效

2010 年，为落实《公约》及其战略计划的相关要求，进一步加强生物多样性保护工作，有效应对生物多样性保护面临的新问题、新挑战，中国政府发布并实施了《战略与行动计划》，提出了未来 20 年生物多样性保护的目标、战略任务和优先行动。2012 年 11月召开的中国共产党第十八次全国代表大会提出了"建设美丽中国"的宏大愿景。党的十八大报告提出，"必须树立尊重自然、顺应自然、保护自然的生态文明理念，把生态文明建设放在突出地位，融入经济建设、政治建设、文化建设、社会建设各方面和全过程，努力建设美丽中国，实现中华民族永续发展""坚持节约资源和保护环境的基本国策，坚持节约优先、保护优先、自然恢复为主的方针，着力推进绿色发展、循环发展、低碳发展，形成节约资源和保护环境的空间格局、产业结构、生产方式、生活方式，从源头上扭转生态环境恶化趋势，为人民创造良好生产生活环境，为全球生态安全做出贡献"。2017年 10 月，中国共产党第十九次全国代表大会胜利召开，对生态文明建设进行了系统总结和重点部署，梳理了五年来取得的新成就，提出一系列新理念、新要求、新目标、新部署，为提升生态文明、建设美丽中国指明了前进方向和根本遵循。中国政府从建设生态文明和美丽中国高度提出的战略思想和战略目标，与《战略与行动计划》一起，勾画了比较全面的国家生物多样性保护目标体系和行动方案。

2.1 中国履行《生物多样性公约》的主要行动

（1）生物多样性保护政策与法律法规体系日臻完善

2015 年以来，中国先后出台了《关于加快推进生态文明建设的意见》《生态文明体制改革总体方案》《编制自然资源资产负债表试点方案》《党政领导干部生态环境损害责任追究办法》《开展领导干部自然资源资产离任审计试点方案》《生态环境损害赔偿制度改革方案》《关于健全生态保护补偿机制的意见》《关于加强资源环境生态红线管控的指导意见》《关于划定并严守生态保护红线的若干意见》《关于设立统一规范的国家生态文明试验区的意见》《建立国家公园体制总体方案》《湿地保护修复制度方案》《关于全面推行河长制的意见》《国务院办公厅关于加强长江生物保护工作的意见》等一系列与生物多样性保护相关的政策，对全国生态文明建设和生物多样性保护进行顶层设计和总体部署。

修订《环境保护法》《大气污染防治法》《野生动物保护法》《海洋环境保护法》《渔业法》《种子法》《草原法》《水法》《土地管理法》《畜牧法》《自然保护区条例》《森林法实施条

例》《陆生野生动物保护实施条例》《水生野生动物保护实施条例》《植物新品种保护条例》等法律法规，先后颁布《太湖流域管理条例》《畜禽规模养殖污染防治条例》《国家级自然保护区调整管理规定》等法律法规。地方政府也制定了一系列法规，如北京、云南、江西、河南、安徽、福建、贵州、河北、江苏等省（直辖市、自治区）相继出台省级自然保护区管理条例和湿地保护条例等，使保护和可持续利用生物多样性的法律法规体系日臻完善。

（2）颁布实施了一系列与生物多样性保护相关的规划和计划

国务院批准实施《水污染防治行动计划》《土壤污染防治行动计划》《大气污染防治行动计划》《全国海洋主体功能区规划》《"十三五"生态环境保护规划》《全国水土保持规划（2015—2030年）》等一系列规划，推动了生物多样性保护工作。

国家相关部门也分别发布实施一系列规划和计划，有效推动了中国生物多样性保护事业的发展。国家发改委联合相关部门发布《全国生态保护与建设规划（2013—2020年）》《耕地草原河湖休养生息规划（2016—2030年）》《岩溶地区石漠化综合治理工程"十三五"建设规划》《千岛湖及新安江上游流域水资源与生态环境保护综合规划》《西部地区重点生态区综合治理规划纲要（2012—2020年）》《国家应对气候变化规划（2014—2020年）》《京津冀协同发展生态环境保护规划》等。国土资源部编制发布《国土资源"十三五"规划纲要》。环境保护部编制发布《水质较好湖泊生态环境保护总体规划（2013—2020年）》《全国生态保护"十三五"规划纲要》，联合中国科学院发布《全国生态功能区划（修编版）》。生态环境部联合农业农村部和水利部发布《重点流域水生生物多样性保护方案》。农业部编制发布《全国农业可持续发展规划（2015—2030）年》《全国农作物种质资源保护与利用中长期发展规划（2015—2030年）》《全国畜禽遗传资源保护和利用"十三五"规划》《全国草原保护建设利用"十三五"规划》等。国家林业局编制发布《全国林地保护利用规划纲要（2010—2020年）》《全国森林经营规划（2016—2050年）》《中国林业遗传资源保护与可持续利用行动计划》《林业适应气候变化行动方案（2016—2020年）》等，与国家发改委和财政部联合印发《全国湿地保护"十三五"实施规划》。国家质检总局将生物多样性和物种资源保护工作纳入"十二五"规划，制定出入境物种资源检验检疫发展规划，发布《关于进一步加强出入境生物物种资源检验检疫工作的指导意见》。国家海洋局发布《国家海洋可再生能源发展"十三五"规划》《全国海岛保护"十三五"规划》《全国海洋观测网规划（2014—2020年）》等。国务院印发《中医药发展战略规划纲要（2016—2030年）》，工业和信息化部、国家中医药管理局等发布《中药材保护和发展规划（2015—2020年）》等。全国18个省份发布省级生物多样性保护战略与行动计划，这些都不同程度地推动了国家、部门和区域的生物多样性保护工作。

（3）生物多样性保护工作机制和体制逐步完善

2011年，成立了由分管副总理任主席、25个部门为成员的"中国生物多样性保护国家委员会"，统筹协调全国生物多样性保护工作。环保、林业、农业、建设、海洋、中医药等部门，成立了生物多样性管理相关机构，如国家林业局于 2014 年 6 月成立全国林业生物多样性保护委员会。

部分省级地方政府也加强生物多样性保护的协调机制建设。2014 年以来，云南省成立了生物多样性保护委员会，广西壮族自治区成立了战略行动计划的编制小组，河北省建立了野生动植物保护工作厅际联席会议制度等，生物多样性保护工作机制和体制得到加强，有力地保障了生物多样性保护工作的顺利开展。

（4）开展生物多样性调查、观测和评估

近年来，中国加强对重点地区、重点领域、重要生态系统和特殊类群物种资源的调查与编目。科学技术部将生物多样性保护研究列为科技攻关项目，在国家科技支撑计划、国家重点研发计划和科技基础资源调查专项中对生物多样性研究进行重点支持，专门设立了"生物多样性保护与濒危物种保育技术研究及示范"、"中国—喜马拉雅地区生物多样性演变和保护研究"、"中国水生植物标本采集"、"藏东南动物资源综合考察和重要类群资源评估"、"武陵山生物多样性综合考察"和"东北森林国家级保护区及毗邻区植物群落和土壤生物调查"等一系列项目。

环境保护部启动生物多样性保护重大工程，发布一系列生物多样性调查和观测技术规范，开展全国生态状况变化（2010—2015 年）调查评估，组织开展生物多样性调查，建成全国生物多样性观测网络。环境保护部和中国科学院联合发布《中国生物多样性红色名录——高等植物卷》《中国生物多样性红色名录——脊椎动物卷》《中国生物多样性红色名录——大型真菌卷》《2018 年中国生物物种名录》。

农业部开展第三次全国农作物种质资源普查和重点保护农业野生植物资源调查，编制《中国畜禽遗传资源志》《特种畜禽志》《蜜蜂志》，完成《国家级畜禽遗传资源保护名录》修订。

截至 2017 年年底，已开展 31 个省（直辖市、自治区）1 332 个县的中药资源普查工作。截至 2018 年 7 月，参加普查工作的人员 2.2 万余人，初步汇总整理中药资源调查数据信息 900 余万条、照片 600 余万张、腊叶标本等实物 26 余万份。

国家林业局启动了全国第二次重点保护野生动植物资源调查，完成了第四次大熊猫种群栖息地资源调查、全国第八次森林清查、第五次荒漠化和沙化监测。

国家海洋局整理了近海海洋综合调查与评价成果，开展海洋生物多样性编目，对 18 个生态监控区、77 个国家级海洋保护区开展生物多样性监测和评价工作。

（5）就地保护工作取得显著成效

建立了以自然保护区为主体，风景名胜区、森林公园、湿地公园、水产种质资源保护区、海洋特别保护区等组成的就地保护体系。截至 2017 年年底，全国已建立 2 750 处自然保护区，总面积 14 717 万公顷，占陆域国土面积的 14.86%，已超过世界同期平均水平，其中国家级自然保护区 463 个，面积 9 745.16 万公顷，分别占全国自然保护区总数和面积的 16.84% 和 66.22%。积极推进国家公园体制试点工作，组织开展三江源、东北虎豹、

大熊猫等 10 个国家公园体制试点建设，构建以国家公园为主体的自然保护地体系。中国还建有国家级风景名胜区 244 处、省级风景名胜区 807 处，风景名胜区面积约占国土总面积的 2.23%，有 42 处国家级风景名胜区和 10 处省级风景名胜区被联合国教科文组织列入《世界遗产名录》；建有森林公园 3 505 处，其中国家级森林公园 881 处，规划面积 1 278.62 万公顷。2018 年，已指定国际重要湿地 57 个，建成国家湿地公园试点 898 个，湿地保护率达到 49.03%。截至 2016 年，农业部先后分 10 批公布国家级水产种质资源保护区 523 个，面积 1 560 万公顷。2018 年，中国各类陆域保护地面积约占陆地国土面积的 18%，提前达到《生物多样性公约》要求到 2020 年达到 17% 的目标。超过 90% 的陆地自然生态系统类型、89% 的国家重点保护野生动植物都在自然保护区内得到保护。部分珍稀濒危物种野外种群正在逐步恢复，大熊猫、东北虎、朱鹮、藏羚羊、扬子鳄等部分珍稀濒危物种野外种群数量稳中有升。

案例 2.1 中国大型真菌红色名录评估

　　大型真菌是生态系统中不可或缺的分解者和植物生存、发展的支持者，在地球生物圈的物质循环和能量流动中发挥着不可替代的作用，具有重要的生态价值；同时许多食药用菌与人类生产生活密切相关，具有重大的社会经济价值。中国是生物多样性受威胁最严重的国家之一。资源过度利用、环境污染、气候变化、生境丧失与破碎化等因素，不仅导致部分动植物多样性降低，也同样威胁大型真菌的多样性。然而，由于缺乏对中国大型真菌资源现状和物种受威胁状况的全面了解，保护工作缺乏系统性、科学性和针对性。因此，全面评估大型真菌受威胁状况，制订红色名录，从而提出有针对性的保护策略，对于加强生物多样性保护、推动实施健康中国战略，具有重要意义。

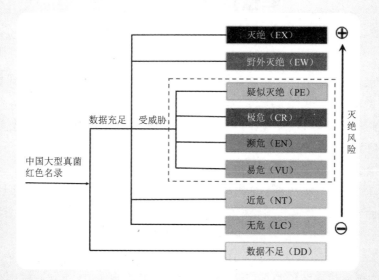

中国大型真菌红色名录评估等级体系

为全面评估中国大型真菌受威胁状况,环境保护部联合中国科学院于 2016 年启动了《中国生物多样性红色名录——大型真菌卷》的编制工作。

评估以《中国菌物名录数据库》和搜集的文献资料为基础,通过大规模的快速筛选、初步归类,针对需要特别关注的物种,依据 IUCN(世界自然保护联盟)物种红色名录等级和标准,进行全面评估。本次评估根据大型真菌与动植物在生物学特性上的差异,对 IUCN 物种红色名录标准做了适当调整,即依据可见的分布地点和子实体数量来估计、推测或判断种群的波动以及种群成熟个体数量的变化;以一定的时间段代替世代时长来计算种群的变化情况;将"疑似灭绝"作为一个独立的评估等级。

评估工作汇集了全国 20 余家单位的 140 多位专家,覆盖了中国已知的大型子囊菌、大型担子菌和地衣型真菌共计 9 302 种,包括大型子囊菌 870 种、大型担子菌 6 268 种、地衣型真菌 2 164 种,是国内外迄今为止大型真菌红色名录评估涉及物种数量最大、类群范围最宽、覆盖地域最广、参与人员最多的一次评估。结果表明:中国受威胁的大型真菌 97 种,包括大型子囊菌 24 种、大型担子菌 45 种和地衣 28 种,占被评估大型真菌物种总数的 1.04%;受威胁的中国特有大型真菌有 57 种,占中国特有大型真菌物种总数的 4.20%;云南假地舌菌近 130 年未重新发现,疑似灭绝;需关注和保护的大型真菌高达 6 538 种,占被评估物种总数的 70.29%。

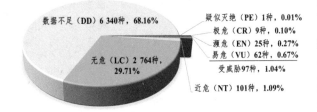

数据不足(DD)6 340 种,68.16%　疑似灭绝(PE)1 种,0.01%　极危(CR)9 种,0.10%　濒危(EN)25 种,0.27%　易危(VU)62 种,0.67%　受威胁97 种,1.04%　无危(LC)2 764 种,29.71%　近危(NT)101 种,1.09%

中国大型真菌红色名录评估等级及比例

通过本次评估掌握了大型真菌受威胁的主要原因。过度采挖和开发利用以及不良的采挖方式是食药用大型真菌的主要威胁因子。环境污染和生境退化是地衣的主要威胁因素。此外,全球气候变暖、土地利用、森林砍伐导致的栖息地丧失也是影响大型真菌生存的重要因素。

大型真菌红色名录评估对大型真菌多样性保护与管理产生深远影响。评估结果将为相关管理部门和地方政府制定大型真菌保护政策和规划,以及大型真菌资源的可持续利用提供科学依据,是中国积极履行《公约》的具体行动。

为保护中国周边海域鱼类等资源在夏季繁殖生长,自 1995 年起,中国在其管辖一侧的黄海、东海于 6—9 月实施休渔制度。1999 年起扩大到 12°N 以北的南海海域。目前,

35°N 以北的渤海和黄海海域休渔期为 5 月 1 日—9 月 1 日，26°30′N ～ 35°N 的黄海和东海海域为 5 月 1 日—9 月 16 日，26°30′N 至"闽粤海域交界线"的东海海域为 5 月 1 日—8 月 16 日，12°N 至"闽粤海域交界线"的南海海域（含北部湾）为 5 月 1 日—8 月 16 日，休渔期内禁止除钓具外的所有作业类型。中国在长江、黄河、珠江和淮河实施了禁渔期制度。2003 年和 2010 年分别在长江和珠江实行禁渔期制度，2015 年将淮河干流纳入禁渔范围。目前，长江禁渔区为长江干流、重要通江河流、鄱阳湖、洞庭湖、淮河干流河段，禁渔期为每年的 3 月 1 日 0 时—6 月 30 日 24 时；珠江禁渔区为珠江干流、重要支流及通江湖泊，禁渔期为每年的 4 月 1 日 12 时—6 月 1 日 12 时。2018 年，农业农村部在黄河干流，扎陵湖、鄂陵湖、东平湖等 3 个主要通江湖泊、13 条主要支流的干流河段实行禁渔期制度，禁渔期为每年的 4 月 1 日 12 时—6 月 30 日 12 时。在规定的禁渔区和禁渔期内，禁止所有捕捞作业。农业部发布《农业部关于公布长江流域率先全面禁捕的水生生物保护区名录的通告》，于 2018 年 1 月在长江流域 332 处水生生物保护区率先全面禁捕。休渔和禁渔制度为缓解过多渔船和过大捕捞强度对渔业资源造成的巨大压力，保护水生生物多样性起到了重要的作用。

为保护和拯救中华鲟、长江江豚、中华白海豚、斑海豹、长江鲟等珍稀濒危动物，延续种群繁殖，切实保护好水生生物多样性，农业部分别组织编制了《中华鲟拯救行动计划（2015—2030 年）》《长江江豚拯救行动计划（2016—2025 年）》《中华白海豚保护行动计划（2017—2026 年）》《斑海豹保护行动计划（2017—2026 年）》《长江鲟拯救行动计划（2018—2035 年）》，制定了具体的保护行动措施，成为下一阶段中国实施濒危动物保护工作的指导性文件。

案例 2.2　福建省峨嵋峰自然保护区中山沼泽湿地保护

福建峨嵋峰国家级自然保护区位于福建省西北部的三明市泰宁县境内，东经 117°01′19″ ～ 117°10′17″，北纬 26°52′25″ ～ 27°08′06″，是武夷山脉中段生物多样性的重要节点。2001 年 6 月经省政府批准建立省级自然保护区，2016 年 5 月经国务院批准晋升为国家级自然保护区。保护区总面积 10 299.59 公顷，其中核心区 3 500.04 公顷，占总面积的 33.9%。保护区资源丰富，区内有 11 个植被型 50 个群系 103 个群丛，有维管植物 239 科 826 属 1 938 种，脊椎动物 35 目 100 科 371 种，大型真菌 13 目 40 科 159 种。拥有众多的珍稀野生动植物资源，其中省重点保护以上的动植物 156 种。主要保护对象为极度濒危的水生植物东方水韭及其栖息地——中山沼泽湿地群、全球濒危的海南虎斑鳽与珍稀雉科鸟类及其栖息地、独特的原生性亮叶水青冈落叶阔叶林，属野生生物类型自然保护区。

多年来，保护区分别与厦门大学、福建中医药大学、福建农林大学、南昌大学和复旦大学等院校合作开展了动植物资源调查和保护管理工作。先后发现了东方水韭、四芒景天、牯岭东俄芹、阳彩臂金龟、勺鸡等珍稀动植物，其中东方水韭、四芒景天、牯岭东俄芹属于福建新记录；阳彩臂金龟和勺鸡属于国家Ⅱ级重点保护野生动物，极其稀少。

东方水韭　　　　　　　　　　　　　中山湿地群

在保护区海拔 1 500 米的中山盆地东海洋所孕育的中国南方典型的、面积最大的、结构最为完整的中山沼泽湿地，面积达 80 公顷。独特的微地形孕育了独特的珍稀植物，这里成为世界极危的国家Ⅰ级重点保护植物——东方水韭的最佳生境，种群数量在 1 000 株以上，为目前世界上最大种群，同时还发现了大量的武夷慈姑、睡莲、江南桤木、黑三棱等群落，这些群落构成了完整的中山沼泽湿地。为了保护这一生境，2012 年，峨嵋峰自然保护区开始采取如下主要措施：

（1）加大宣传，禁止一切人为破坏活动。在庆云管理站通往东海洋的路口设置围栏与铁门，封闭通往东海洋的道路，禁止外人进入该区域，减少周边村镇人为活动对生境的干扰。

（2）调控湿地水位，减缓湿地退化。由于气候变暖，降雨量减少或不均，东海洋中山沼泽湿地退化明显，为了减缓湿地退化，采取人为调控的办法控制湿地水位。

（3）加强群落动态监测工作。与厦门大学、福建中医药大学合作，对东方水韭群落及其生境就地围栏保护，进行动态监测。

经过六年的调查和监测，中山沼泽湿地群落和生境趋于稳定。

就地保护东方水韭　　　　　　　　　东方水韭的动态监测

案例 2.3 巴尔鲁克山——国家级自然保护区申报成功

巴尔鲁克山自然保护区地处阿尔泰山泰加林生物群落向天山荒漠生物地理群落过渡带，生境原始，生物多样性丰富，区内现存有世界最大面积的野巴旦杏林 2.4 万亩，具有重要的科研和保护价值。

巴尔鲁克山部分植被

结合中药资源普查，新疆中药资源普查塔城地区普查队于 2015 年在新疆大学、新疆师范大学、新疆医科大学、石河子大学、自治区中医院、中国科学院新疆生态与地理研究所等单位的大力协助下，对巴尔鲁克山自然保护区的野生药用植物资源进行了更为详尽和细致的调查。

巴尔鲁克山自然保护区是塔城地区植物物种基因库、西北生态屏障和野生动物栖息的乐园，大部分区域保留了较为完整的原始风貌，森林生态系统多样，物种资源丰富，国家Ⅰ级重点保护野生动物有金雕、北山羊、大鸨和雪豹等，通过普查，查清了保护区野生药用植物的种类、分布，测算并获得了部分重点药用植物的蕴藏量，掌握了部分药用植物的民间用法及用药习惯，为该区药用植物种质资源库及基因库的保护与建立以及药用植物的保护、开发、利用提供了科学借鉴。

2015 年 5 月 19 日，该保护区正式晋升为国家级自然保护区。

（6）迁地保护得到进一步加强

野生动植物和种质资源迁地保护获得较快发展。据不完全统计，全国已建动物园（动物展区）240 多个，饲养国内外各类动物 775 种；建立 250 处野生动物救护繁育基地，濒临灭绝的大熊猫、朱鹮、东北虎等近 10 种极危动物种群开始复苏，60 多种珍稀、濒危野生动物人工繁殖成功。全国野生大熊猫种群数量达 1 864 只，圈养大熊猫种群数量达到 375 只，野生大熊猫栖息地面积为 258 万公顷，潜在栖息地 91 万公顷。朱鹮总数由 1981 年发现时的 7 只增长到现在的 2 600 多只，野生朱鹮栖息地面积由发现时的不足 500 公顷扩大到现在的 140 多万公顷。普氏原羚种群数量从 2003 年不足 200 只增加到目前的 2 010 只，数量增长 10 倍多。还有 300 多种珍稀濒危野生动物建立了稳定的人工繁育种群，并成功开展了大熊猫、朱鹮、麋鹿、普氏野马、野骆驼、白颈长尾雉等 10 多种濒危野生动物的放归自然行动，濒危物种种群总体上稳中有升。

全国已建立植物园（树木园）200 余个，保存植物 2.3 万多种，保存的本土植物种数约占中国植物总种数的 60%，并从国外引种植物约 1 200 种，丰富了中国的植物多样性。启动《全国极小种群野生植物拯救保护工程规划》，建立迁地保护点近 200 个，基本完成苏铁、棕榈种质资源收集保存和原产中国的重点兰科、木兰科植物收集保存。由中国科学院牵头发起中国植物园联盟，启动"本土植物全覆盖保护计划"，完成了 14 个地区 64 879 种 / 次本土植物评估，调查到极危物种 501 种、濒危种 773 种、易危种 1 299 种，记录了大量本土植物影像、生境和位置信息，为下一步采取保护措施奠定了良好的基础。加强珍稀野生植物的人工培育技术研究和种源建设，巩固和完善珍稀野生植物培植基地。建成 22 个多树种遗传资源综合保存库、13 个单树种遗传资源专项保存库、226 个国家级林木良种基地，保存树种 2 000 多种，覆盖全国大多数省份，涵盖目前利用的主要造林树种遗传资源的 60%。

建立国家农作物种质资源保存长期库、中期库、种质圃、原生境保护点和国家基因库相结合的种质资源保护体系，基本覆盖了中国各类农业生态区，共收集、编目、繁殖入国家库和种质圃长期保存样本 48 万份。野生稻、野生大豆、小麦野生近缘植物、野生果树等 39 个原产于中国且处于濒危状态的野生物种得到妥善保护。建立国家药用植物种质资源库，收集药用植物离体种质近 3 万份；在 20 个省（自治区）布局建设 28 个中药材种子种苗繁育基地、180 个子基地，总面积 4 667 公顷；繁育 120 种中药材的种子种苗（珍稀濒危 28 种）；并在海南及四川建立了 2 个中药材种质资源库，汇总保存中药资源普查工作中收集的种质资源 2.4 万份。建立了中国西南野生生物种质资源库，收集和保存了我国 228 科 2 005 属 10 013 种 79 123 份野生植物的种子，种类达我国有花植物物种总数的 1/3，其中包括珍稀濒危物种 669 种、中国特有种 4 035 种（占总保存物种数的 40.30%）、植物离体培养材料 1 850 种 20 810 份、DNA 分子材料 5 642 种 49 815 份。继续完善畜禽遗传资源保护体系，国家级保种场、保护区和基因库已达 187 个，90% 以上的国家级畜禽遗传资源保护名录品种建立了国家级保种单位。

案例2.4 中国西南野生生物种质资源库

针对中国生物多样性丧失严重、关键物种灭绝、国家可持续发展受到重大影响等问题，由中国科学院昆明植物所牵头建设的"中国西南野生生物种质资源库"在全国105家单位的协作攻关下，经过13年的努力，创建了国际一流的野生生物种质资源保藏体系，抢救性采集和保存了中国大量珍稀濒危、特有和具有重要价值的生物种质资源，全面实现了资源和信息的社会化共享，对中国履行《公约》发挥了重要作用，为中国生态文明建设和社会经济发展做出了重要贡献。

（1）建成了国际一流的野生生物种质资源库。在云南这个生物多样性热点地区，创建了以植物为主，兼顾动物和微生物，包括种子库、植物离体库、DNA库、动物种质库和微生物种质库在内的"五库合一"野生生物种质资源综合保藏体系；研制了72项保藏技术标准和规范，使中国重要战略生物种质资源的安全得到有效保障。

冷库中长期保存的种子

（2）从全国抢救性地采集和保存了中国大量重要野生生物种质资源。截至2017年年底，共采集和保存了植物种子、植物离体材料、植物DNA、动物细胞系、微生物菌株等各类种质资源21 666种225 822份（株/条），其中野生植物种子229科1 990属9 837种74 738份（种类达中国有花植物物种总数的1/3）、植物离体培养材料1 850种20 810份、植物DNA分子材料5 642种49 815份、动物细胞系292种1 985份、动物DNA分子材料1 825种56 274份、微生物菌种2 220种22 200份，为中国生物战略资源的安全保护做出了突出贡献。

中国西南野生生物种质资源库大楼

（3）全面实现了资源和信息的社会化共享。通过分级共享方式，面向社会，对库存的实物、数据、设备和设施、技术等进行全面共享。截至2017年年底，共向社会在线发布了76 000多条植物采集数据和相关植物图片；分发了11 716份/443 515粒种子；

支持了 10 多家同行单位的建库和运行经验咨询；为多个国家重大专项项目提供了先进的种子处理设备、冷藏设施和实验平台；成功举办了 12 次全国种子采集与管理技术培训班和 1 次种子保存技术国际培训班，从而有力促进了中国生物多样性保护和研究工作，为中国生态文明建设、生物多样性保护、生物资源的持续利用和产业发展做出重要贡献。

案例2.5　本土植物全覆盖保护计划助力植物多样性保护

2013 年，为保护珍稀濒危本土植物，中科院牵头发起中国植物园联盟，并启动"本土植物全覆盖保护计划"。通过本土植物编目、专家评估、野外考察等一系列工作，应用保护生物学工具箱中的各种工具，确定各地区本土植物的野外生存现状，有针对性地对受威胁等级高的物种进行保护。

1. 地区本土植物野外生存状态评估

目前已有西双版纳热带植物园、武汉植物园、华南植物园、昆明植物园、北京植物园、桂林植物园、南京中山植物园、吐鲁番沙漠植物园、沈阳树木园、庐山植物园、秦岭国家植物园、重庆南山植物园、福州植物园和湖南省森林植物园作为牵头单位参与"本土植物全覆盖保护计划"。目前已参考 IUCN 红色名录评估标准，完成了 14 个地区 64 879 种 / 次本土植物评估，参与评估的植物专家达 210 人 / 次。评估结果显示地区灭绝等级 56 种 / 次、极危等级 1 257 种 / 次、濒危等级 2 234 种 / 次，受威胁严重的物种数占评估总数的 11.72%。

2. 野外考察

专家评估确定地区本土植物受威胁初步状况后，组织考察队伍，制定考察路线，针对地区绝灭、极危、濒危、易危和数据缺乏的物种，分季节、有目标地进行野外考察，进一步核实这些植物的野外生存状态，并根据调查结果对受威胁等级进行调整。目前已组织野外考察数百次，调查到极危物种 501 种、濒危物种 773 种、易危物种 1 299 种，记录了大量本土植物影像、生境和位置信

各试点地区本土植物受威胁状况　　　　单位：种 / 次

等级	地区绝灭 (RE)	极危 (CR)	濒危 (EN)	易危 (VU)	近危 (NE)	无危 (LC)	数据缺乏 (DD)	合计
川滇藏	10	185	160	312	427	4 819	2 274	8 187
西双版纳	2	155	193	413	287	2 919	74	4 043
重庆	2	24	106	204	141	4 300	82	4 859
广东	3	66	203	264	387	4 622	509	6 054
广西	2	593	739	875	476	4 697	1 593	8 975
湖北	4	22	100	256	382	3 221	669	4 654
湖南	3	58	244	370	545	3 406	397	5 023
江苏	7	42	118	497	276	1 253	85	2 278
福建	2	12	88	162	236	3 350	164	4 014
江西	2	26	82	132	327	2 978	768	4 315
京津冀	12	16	26	101	67	1 839	0	2 061
辽宁	1	11	39	96	52	2 153	170	2 522
新疆	6	11	29	223	299	2 802	201	3 571
陕西	0	36	107	150	454	3 315	261	4 323
合计	56	1 257	2 234	4 055	4 356	45 674	7 247	64 879
占比/%	0.09	1.94	3.44	6.25	6.71	70.40	11.17	—

息，为下一步采取保护措施奠定了良好的基础。

3. 采取保护措施

针对野外受威胁严重的物种，通过采取迁地保护和就地保护等措施，确保它们没有灭绝的风险。项目启动以来，已促成西双版纳布隆和易武两个自然保护区的成立；推动地方林业局建立了保护华盖木（*Pachylarnax sinica*）、漾濞槭（*Acer yangbiense*）、长果秤锤树（*Sinojackia dolichocarpa*）等濒危植物的自然保护小区；已有278种极危植物、489种濒危植物和773种易危植物在植物园内得到迁地保护；白旗

建立自然保护区（小区）

兜兰（*Paphiopedilum spicerianum*）、钻柱兰（*Pelatantheria rivesii*）、漾濞槭、伯乐树（*Bretschneidera sinensis*）等数十种濒危植物已开始进行野外回归。

本土植物野外考察

迁地保护（嫁接）

野外回归

案例2.6　中国的植物园与树木园保育了60%以上的乡土植物

中国目前有200余个植物园和树木园，它们覆盖了中国主要气候区和典型自然植被区，在实施《中国植物保护战略》、植物迁地保护能力和人才队伍建设等方面取得了长足的进步，已发展成为国际植物园界的重要力量。

目前中国植物园总面积已达10.2万公顷，其中植物专类园区面积达5 400公顷，植物保育区与苗圃区面积达1 014.9公顷，园区植被面积达76 171.7公顷。同时，中国的植物园已建立了较大规模的人才队伍，植物园员工总数达11 227人，其中研究队伍2 876人、园林园艺管理队伍2 937人、公众教育队伍1 161人、知名的植物专科专属专家100多人，已成为国际植物园界与植物迁地保护领域的重要力量。

根据对中国主要植物园迁地保护植物的抽样调查，中国目前迁地保护维管植物有396科3 633属23 340种，其中本土植物288科2 911属22 104种，分别占中国本土高等植物科的91%、属的86%和物种的60%。同时，中国的植物园保护了《中国植物红皮书》名录中约40%的珍稀濒危植物，建立了1 195个植物专类园区，对中国本土植物多样性保护发挥了积极作用。

中国科学院所属的15个植物园（如华南、西双版纳、武汉、昆明植物园）由于建制性特征，长期从事专科专属和一些专门植物类群的搜集、研究和发掘利用工作，具有历史长、积累丰富、区域代表性强和数据积累系统性强等特征，在植物引种登录数（303 450号，占全国植物园的78.3%）、迁地保护物种数（20 000种，占全国总数的86%）、中国和地方特有植物种数（24 740种，占73.56%）、珍稀濒危植物种数（4 228种，占40.05%）等方面发挥了显著的引领作用。

案例 2.7　茅苍术种质资源调查与保护

茅苍术[*Atractylodes lancea* (Thunb.) DC.]是菊科多年生植物,其根茎具有祛风散寒、燥湿健脾、明目之功效,是临床常用中药,江苏茅山一带为其著名道地产区。但由于各种人为因素的影响以及自身的生物学特性,茅苍术种群自身恢复能力较差,其分布区及种群数量呈现明显衰退倾向,被列为江苏省4种濒危药用植物之一。近年来,南京中医药大学与镇江市药检所以及江苏茅山地道中药材种植有限公司等多家中药材生产基地合作,开展濒危药用植物茅苍术优良种质资源调查、基因库构建、转录组学、快速繁殖及野生抚育等研究工作,基本掌握了江苏省茅苍术的分布概况及其资源蕴藏量,对茅苍术生物学特性有了较全面的了解,初步探明了茅苍术野生资源出现濒危的原因;系统构建了茅苍术优良种质资源基因库,将收集到的茅苍术优良植株的根茎及种子保存于南京中医药大学基因库内,实现了异地保存和长期保存;建立了茅苍术优良种质茎及叶的转录组学平台,筛选获得活性成分生物合成相关基因;开展了茅苍术组织培养研究,初步建立了快速繁殖体系;确定了茅苍术野生抚育适宜区域及抚育条件,提高其野生种群数量及种群内个体数。研究结果为茅苍术种质资源长期保存提供技术支持,为功能基因的研究利用奠定基础,对良种选育研究具有指导意义,为生物工程应用提供科学依据,并促进这一优良种质资源的保存和可持续利用。

茅苍术种质资源调查

案例 2.8 恒山黄芪种质资源保护

恒山黄芪 [*Astragalus membranaceus* var. *mongholicus* (Bge.) Hsiao] 是中医药界传统公认的优质道地黄芪，恒山黄芪种质资源是世界上重要的种质资源之一。恒山黄芪长期处于野生、半野生状态，是经过几百年来自然选择、进化、自然杂交、变异形成的独特的种群。近年来，随着人工栽培面积的扩大，市场需求的黄芪种子较多，黄芪种子价格高于其他黄芪产地，个别商人从甘肃等外地调入黄芪种子在当地市场上销售，引起恒山黄芪原始种源逐渐流失、种质混杂退化现象。

恒山黄芪植株

为有效保护恒山黄芪种质资源，2016 年起，山西北岳神耆生物科技有限公司投资 1 400 多万元，当地政府及上级部门投资 160 万元，流转了已 20 多年无人居住的裴村乡千哨村全部芪坡 3 600 亩，修建通车土路 5 000 多米，修建管理房屋 8 间。选择隔离条件较好的野生黄芪坡（历史上从未人工撒种）1 000 多亩进行围栏，实施野生黄芪种质资源就地保护。选择优良种株进行标记、采集种子，人工刨除较大的多年生杂草、灌木，让黄芪自然落种、自然繁殖，保持野生环境状态。对所收集的优秀种质资源加以研究利用，选育适宜当地种植的优质、丰产、抗逆力强的优良品种。通过种质资源保护工作的不断开展，引导黄芪种子种苗品种向纯正、优质、高产、高效方向健康发展。

种源保护基地生境

为恒山黄芪重点植株建档竖牌

案例 2.9 内蒙古野生五味子种源保护基地

五味子种质资源遭受严重人为干扰和破坏，亟待保护。2004 年，由内蒙古吉文林业局负责，内蒙古自治区中医药研究所和内蒙古大兴安岭森林规划院参与，在内蒙古鄂伦春旗吉文镇境内建立了内蒙古野生五味子（*Schisandra chinensis*）种源保护基地，基地面积为 400 亩。

经过内蒙古吉文林业局多年精心管护，基地的野生五味子种群数量显著增加，分布范围扩大，目前已成为内蒙古东部地区分布面积最大、集中连片的野生五味子种源基地，为野生五味子人工繁育提供了优良种源。

目前基地技术员已熟练掌握五味子人工栽培技术，人工栽培五味子面积达 100 亩，其中 50 亩处于产果期，每年收获五味子果实（鲜果）达 2 000 多千克。

（7）生态系统保护与修复取得重大进展

天然林资源保护、退耕还林还草、退牧还草、防护林体系建设、河湖与湿地保护修复、防沙治沙、水土保持、石漠化治理、野生动植物保护及自然保护区建设等一批重大生态保护与修复工程稳步实施。2013—2017 年，全国完成造林 3 400 万公顷、森林抚育4 100 万公顷，安排新一轮退耕还林还草任务 300 万公顷，建设和划定国家贮备林 300 万公顷。12 400 万公顷的国家级公益林纳入中央财政森林生态效益补偿范围。全面停止天然林商业性采伐，天然林保护范围扩大到全国。森林面积达到 20 800 万公顷，森林覆盖率达到 21.66%，森林蓄积量达到 151.37 亿立方米，其中天然林蓄积增加量占 63%，天然林面积从原来的 11 969 万公顷增加到 12 184 万公顷，成为同期全球森林资源增长最多的国家。"十二五"期间，实施湿地保护修复工程和湿地补助项目达 1 500 多个，恢复湿地 23.33 多万公顷，退耕还湿 5.1 万公顷，全国湿地总面积 5 360.26 万公顷，湿地保护率达 49.03%。全国完成沙化土地治理面积 1 000 万公顷，土地沙化趋势整体得到初步遏制。"十二五"期间，累计治理"三化"（退化、沙化、盐碱化）草原 4 720.5 万公顷。2017 年，全国草原综合植被盖度达 55.3%，全国天然草原鲜草总产量 10.7 亿吨，连续 7 年超过 10 亿吨。草原保护重大工程区草原植被盖度比非工程区高出 15 个百分点，单位面积鲜草产量高出 85%。

案例 2.10　中国黄土高原典型区植被恢复及其对生态系统服务的影响

植被恢复是全球陆地生态系统恢复的主要途径，并得到广泛应用。退耕还林（草）是中国重大生态保护与修复工程的典型代表，在黄土高原地区试验示范进而推广到全国。自工程实施以来，退耕还林（草）工程在植被恢复方面产生了显著的生态效益和广泛影响（张琨等，2017）。

（1）林地和草地范围明显增加。2000—2010 年典型区林地和草地面积较恢复前分

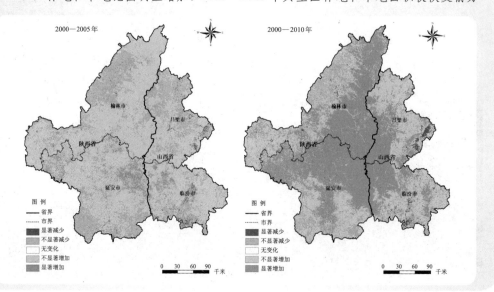

别增加 1.2% 和 9.8%，耕地面积则减少 16.3%。耕地向林地和草地的转化是耕地减少的主要原因，两者合计占转出耕地总面积的 94.2%，表明退耕还林（草）工程实施成效显著。

（2）植被改善趋势明显。2000—2005 年、2000—2010 年、2000—2014 年植被显著恢复的比例分别为 5.8%、49.1% 和 79.0%。在退耕还林（草）工程实施 15 年后，典型区范围内 79.0% 的区域表现为植被净增加趋势明显，增加速率达到 6 338.6 千米^2/ 年，其分布范围接近覆盖典型区全境。

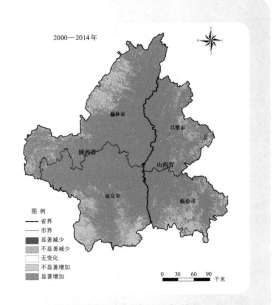

黄土高原典型区植被变化趋势

（3）土壤保持服务增强。2014 年土壤侵蚀速率比 2000 年降低 17.5%，中度侵蚀区降幅达 53.7%，2000—2014 年历年土壤保持率均在 84% 以上且呈波动增加。

（4）水文调节服务增强。2000—2010 年地表植被蒸散（ET）增加区域面积达到 48 094.1 平方千米，占典型区总面积的 39.6%。

（5）植被碳固定服务提高。2000—2014 年典型区植被净初级生产力（NPP）总体处于增加态势，NPP 显著增加区域占全区总面积的 60.3%，固碳总量增加 45.4%。

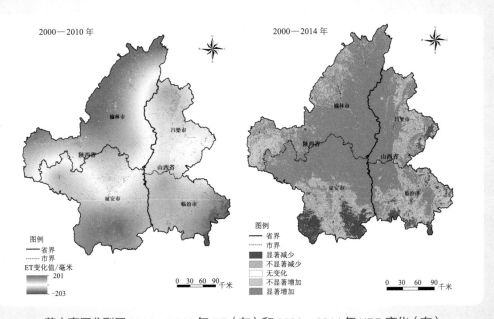

黄土高原典型区 2000—2010 年 ET（左）和 2000—2014 年 NPP 变化（右）

案例 2.11 内蒙古科左后旗实施生态扶贫实现生态保护和群众脱贫双赢

内蒙古自治区通辽市科左后旗地处科尔沁沙地腹地，是中国沙漠化最为严重、生态环境极其脆弱的县旗之一。科左后旗从当地实际出发，坚持生态治理同脱贫致富相统一，以沙区增绿、群众增收为主线，推动生态脆弱贫困地区扶贫开发与生态保护相协调、脱贫致富与可持续发展相促进。

（1）改善生态环境，助力群众增收。实施综合治沙工程，近年来累计完成科尔沁沙地综合治理 410 万亩，全旗林业用地达到 590 万亩，森林覆盖率超过 21%，较 2002 年提高 10 个百分点。全旗土地沙化退化现象得到有效遏制，林草植被迅速恢复，生态环境明显改善。生态建设效益明显，自 2014 年以来，通过吸纳农牧民参与综合治沙、村屯绿化、道路绿化、高效节水等工程，促进增收 5 136 万元，其中贫困农牧民务工增收 445 万元。

（2）培育生态产业，带动群众增收。加大沙化草牧场禁封力度，对重点区域全年禁牧，对封育区内疏林地段、天然更新较困难地段和林间空地面积较大地段补植樟子松容器苗和一年生五角枫，有针对性地逐步恢复草原生态环境。在大力保护生态的基础上，合理规划发展相关产业，推进种草养畜，在发展黄牛产业的同时避免破坏天然草场；打造生态特色、民族特色旅游产品，2017 年接待游客 140 万人次，实现旅游综合收入 12 亿元；发展林果产业，推广蒙中药材种植产业，培育种苗花卉产业，发展光伏产业，使生态效益转化为经济效益、民生效益。

（3）落实国家生态政策，保障群众增收。中国政府将生态扶贫作为解决绝对贫困问题的一项重要举措。科左后旗落实中央决策部署，在聘用生态护林员时向贫困人口

倾斜，共聘生态护林员 310 名，均为建档立卡贫困人口；按照"谁保护、谁受益"原则，每人每年发放工资 1 万元；同时实施考核监督，保证护林员保护生态环境。2014—2017 年累计发放生态补贴资金 50 457 万元，其中退耕还林补贴资金 9 216 万元、公益林补贴资金 5 576 万元、草原奖补资金 35 665 万元。指导贫困户利用奖补资金发展生态产业，进一步巩固深化生态保护成果。

　　通过努力，当地生态环境明显改善，生态带动增收能力显著增强。目前，该旗生态建设区域内植被覆盖率从不足 5% 提高到 70% 以上。全旗森林资源逐年增加，有林地面积增加到 340 万亩，活立木蓄积达到 470 万立方米，森林覆盖率超过 21%，生物多样性得到有效保护。生态环境建设直接促进贫困人口增收，助力当地优化农业生产条件，拓宽贫困人口增收致富渠道，促进当地可持续发展和提高人民福祉。

案例 2.12　内蒙古西部沙漠化改良

内蒙古西部地区具有丰富的沙漠资源。在实施国家级重点林业生态工程的基础上，该地区不断拓展以梭梭、肉苁蓉为主的绿色种植产业，促进当地可持续发展。2014 年，由阿拉善 SEE 基金会发起"一亿棵梭梭"项目，计划十年间在阿拉善地区种植 200 万亩沙漠植被，以期恢复历史上的 800 千米梭梭屏障。截至 2017 年年底，已完成种植以梭梭为代表的沙生植物 71.4 万亩。

引进企业参与林业生态建设。内蒙古王爷地苁蓉生物有限公司在乌兰布和沙漠规划建设 30 万亩有机中药材种植基地，目前已建成 5 万亩有机认证基地，重点发展以肉苁蓉、甘草种植为主体，黄芪、锁阳、苦豆籽、沙漠羊、沙漠鸡等为辅助的沙生中药材种植基地。

在磴口县，目前已在黄河岸边构筑起一条防风固沙林带，使沙丘平均向黄河推进的速度从 2010 年的 12.64 米／年减少到 2016 年的 1.87 米／年。森林覆盖率、林草覆盖率分别由 2012 年的 19.2%、27% 提高到 20.6%、37%，全县沙漠治理面积已达 280 多万亩。

阿拉善地区治沙几十年，使库布齐沙漠绿化面积达 480 多万亩，创造生态财富 5 000 多亿元，带动当地群众脱贫超过 10 万人，并被联合国环境规划署确定为"全球沙漠生态经济示范区"。其中，库布齐治沙的主力军和"领头羊"亿利集团，组建了 232 个民工联队，5 820 人成为生态建设工人，带动周边 1 303 户农牧民从事旅游产业，户均年收入 10 万多元，人均超过 3 万元。

案例 2.13　土地整治促进生物多样性保护

　　国土资源部按照中国政府对生态文明建设的有关要求，积极推进耕地数量、质量、生态"三位一体"保护，在土地整治工作中加强生物多样性保护。湖南省长沙县金井镇涧山村土地整治项目在规划设计时，开展生物多样性调查，项目采用修建生态沟渠、生态田间道路、农田渍水净化系统、生态护堤、生物通道、生态池以及生物栖息地等生态保护措施，综合考虑不同物种的生活习性和活动区域，优化土地利用结构，一定程度上拓展了生物群落的生存空间，维护了项目区的生物多样性，保持和维护当地生态系统平衡，建成了生态型高标准农田。

　　（1）建设生态沟渠。改变传统沟渠衬砌方式，保障生物迁徙通道，解决沟渠修建造成生物孤岛、破坏生物链、影响生物多样性等问题。沟渠采用生态衬砌方式，为水生动物提供了栖息场所，有利于各种水生动物、植物的生长。

　　（2）建设生态田间道路。项目区道路采用泥结石路面，路面采用灌浆碾压，为生活在不同生态景观斑块内的动植物提供了栖息和通行的廊道，有利于生态环境的保护和改善。

生态沟渠衬砌现场

泥结石路面

生态净化池

生态溪沟护坡

　　（3）建设农田渍水净化系统。项目区修建两个生态净化系统，农田渍水汇集后排至生态净化池，经过在净化池沉淀、净化后排入金井河，达到废水循环利用、自我净化的效果，有效保护了河道水质和淡水资源。

（4）修建生态护坡、生物通道和生物栖息地。项目修建了生态护坡、生物通道及生物栖息地，为水生动植物留下生存空间，便于落入水中的动物攀爬逃生和迁徙，在农田周边预留了一片茶园作为生物栖息地，满足生物群落繁衍生息需要。

生物通道

（8）打好污染防治攻坚战

中国制定出台了《大气污染防治行动计划》《水污染防治行动计划》《土壤污染防治行动计划》，持续开展大气、水和土壤污染防治行动。

2017年，全国338个地级及以上城市可吸入颗粒物（PM_{10}）平均浓度比2013年下降22.7%，京津冀、长三角、珠三角区域细颗粒物（$PM_{2.5}$）平均浓度比2013年分别下降39.6%、34.3%、27.7%，北京市$PM_{2.5}$平均浓度从2013年的89.5微克/米^{3}降至58微克/米^3，《大气污染防治行动计划》空气质量改善目标和重点工作任务全面完成。基本完成地级及以上城市建成区燃煤小锅炉淘汰，累计淘汰城市建成区10蒸吨以下燃煤小锅炉20余万台，累计完成燃煤电厂超低排放改造7亿千瓦。全国实施国V机动车排放标准和油品标准；淘汰黄标车、老旧车2 000多万辆，新能源汽车累计推广超过180万辆；推进船舶排放控制区方案实施。

深入实施《水污染防治行动计划》，全国地表水优良水质断面比例不断提升，Ⅰ～Ⅲ类水体比例达到67.9%，劣Ⅴ类水体比例下降到8.3%，大江大河干流水质稳步改善。97.7%的地级及以上城市集中式饮用水水源完成保护区标志设置，93%的省级及以上工业集聚区建成污水集中处理设施，新增工业集散区污水处理能力近1 000万米^3/日，36个重点城市建成区的黑臭水体已基本消除。持续开展长江经济带地级及以上城市饮用水水源地环保执法专项行动，排查出的490个环境问题全部完成清理整治。在96个畜牧养殖大县整县推进畜禽粪污资源化利用。农药使用量连续三年负增长，化肥使用量提前三年实现零增长。强化节水管理，全面实行水资源消耗总量和强度双控行动。加强港口船舶码头污染防治，开展全国陆源入海污染源分布排查，全面清理非法或设置不合理的入海排污口。

颁布《土壤污染防治法》，印发《农用地土壤环境管理办法（试行）》。全面开展土壤污染状况详查。开展已搬迁关闭重点行业企业用地再开发利用情况专项检查。城市生活垃圾无害化处理能力达到68万吨/日，无害化处理率达97.74%，农村生活垃圾得到处理的行政村比例达74%。

2011 年，中央财政安排 40 亿元农村环保专项资金，支持各地开展农村环境综合整治。此后逐年增加资金，2013 年，中央财政共安排农村环保专项资金 60 亿元，支持 4.6 万个村庄开展环境整治，8 700 多万农村人口直接受益。2014 年，中央财政共安排农村环保专项资金 60 亿元，支持全国 5.9 万个村庄开展环境综合整治，直接受益人口达 1.1 亿多人。2015 年，中央财政安排农村环保专项资金 60 亿元，支持 7.2 万个村庄完成环境综合整治，1.2 亿多农村人口直接受益。

（9）生物安全管理能力进一步提高

经过多年努力，外来入侵物种的预防和控制管理进一步规范，各部门依据相关法律法规，共同推动外来入侵物种防治工作。环境保护部和中国科学院联合发布《中国外来入侵物种名单（第三批）》和《中国自然生态系统外来入侵物种名单（第四批）》，环境保护部发布《外来物种环境风险评估技术导则》和《关于做好自然生态系统外来入侵物种防控监督管理有关工作的通知》，指导地方环保部门开展外来入侵物种的防控和监督管理。农业部发布《国家重点管理外来入侵物种名录（第一批）》，并部署各省（直辖市、自治区）对名录所列 52 个入侵物种进行调查；成立农业部外来生物入侵突发事件应急指挥部，开展外来入侵物种集中现场灭除和应急防控活动；利用卫星遥感技术对南方 11 省重点水域水生外来入侵植物（水葫芦和水花生等）监测，编制《长江中下游地区空心莲子草生物防治技术规范清单》。海关总署对生物遗传资源进出口管理目录以及濒危物种保护知识等相关内容组织培训。质检总局加强生物安全国门防控，"十二五"期间，全国各口岸截获有害生物批次年均增长 26.8%，累计监测截获外来有害生物 8 945 种，仅 2016 年全国各口岸截获有害生物 6 305 种、122 万批次。2014 年，国务院办公厅发布《关于进一步加强林业有害生物防治工作的意见》（国办发〔2014〕26 号），国家林业局积极推动《森林病虫害防治条例》《植物检疫条例》等林业有害生物防治法律法规的修订工作。中国科学院启动"国门生物安全"项目，完成入侵物种资源库建设、集成 DNA 条形码等新技术，搭建常见检疫对象与入侵物种快速鉴定体系，实现物种的快速鉴定，减少了威胁因素的引入，保护了我国生物多样性安全。

转基因生物安全监督管理得到重视。"十二五"期间，转基因生物新品种培育重大专项启动实施 183 个重大课题和 130 个重点课题，在原创性产品研发与产业化进程推进、重要基因克隆和关键核心技术创新等多个领域取得显著成效。环境保护部联合有关部门，参加了《卡塔赫纳生物安全议定书》历次缔约方大会和其他相关会议，提交了三次国家报告，对于推动议定书的有效履行发挥了积极作用。农业部成立第五届农业转基因生物安全委员会，印发《关于加强转基因农作物监管的通知》，制定转基因执法监管方案，规范农业转基因生物及其产品的研究、试验、生产、经营和进出口活动。质检总局建立了转基因检测技术体系。林业转基因生物的安全管理体系正在逐步形成，林业转基因生物研究、试验等活动及各项管理工作已有序进行，开始启动安全监测。国家海洋局开展海洋转基因生物环境释放、风险评估和环境影响评价，编制相关技术标准规范。

案例 2.14　科技支撑国门生物安全，保护中国生物多样性

中国进出口贸易非常活跃，边境线延绵数万千米，口岸动植物检疫形势严峻，国门生物安全受到严重威胁；检验检疫对象物种繁多、形态多样，口岸一线工作人员常难以对其快速准确鉴定。中国科学院与国家质检总局和口岸部门长期密切合作，在物种鉴定、风险评估与防控技术研发、技术培训、服务平台搭建、科普宣传等方面为国门生物安全保驾护航。

（1）物种鉴定。与全国有关检验检疫机构合作，组织专家力量，对通过货检、旅检、邮检等途径截获的来自不同国家的生物提供物种鉴定服务和鉴定技术，出具鉴定报告；收集入侵物种和检验检疫物种标本和信息，充实入侵物种资源库。集成DNA条形码等新技术，搭建常见检疫对象与入侵物种快速鉴定体系，确定技术流程，构建标准序列库，支撑物种的快速鉴定。根据准确鉴定结果将截获带有危险入侵生物的物品妥善处理，保护了中国生物多样性安全。

为截获入侵害虫提供鉴定服务

（左图：芒果果核象；右图：芒果果实象）

为北京邮件处鉴定截获动物标本

（2）风险评估与防控技术研发。基于物种现有分布面积等数据，创建模型，评估外来入侵物种在中国潜在分布适生区及潜在经济损失；预测恶性外来物种（如北美牛蛙和红耳龟等），以及口岸截获物种在中国及全球的入侵风险；提供新截获有害生物风险分析和评估报告。研发有效防控红脂大小蠹、松材线虫等重要外来入侵物种引诱剂

诱杀技术，以及引诱剂、增效剂、趋避剂和定量缓释装置专利产品，为确保国门生物安全、防控重要外来入侵物种提供高效的技术支撑。

（3）技术培训。根据实际需求，中国科学院组织专业队伍为检验检疫部门业务骨干提供物种鉴定基础知识和基本技能培训，同时提供到中国科学院鉴定平台实习与交流的机会，为提升一线检疫人员的专业素质和专业技能提供了有力帮助。

为首都机场检验检疫局提供技术培训

（4）服务平台搭建。构建"国门生物安全快速响应平台"，为检验检疫工作提供物种快速准确鉴定、标本采集制作、检疫对象信息查询、截获生物风险分析等服务。

（5）科普宣传。在国家动物博物馆建设了"国门生物安全展厅"，向社会公众宣传与国门生物安全有关的法律法规、截获总体情况和相关案例，使广大观众充分认识外来入侵物种带来的威胁。自开展以来，该展厅作为"国门生物安全宣传教育基地"，已接待观众超过30万人次。

国门生物安全展厅　　　　　　　　　　社会各界参观展览

（10）生物遗传资源获取和惠益共享制度的能力建设得到加强

2014年10月，《名古屋议定书》正式生效，2016年9月6日，中国正式成为《名古屋议定书》的缔约方。近年来，中国发布实施一系列与生物资源相关的法律法规，如《环境保护法》《野生动物保护法》《野生植物保护条例》等，新修订实施的《畜牧法》《种子法》增加畜禽遗传资源和农作物种质资源惠益分享相关内容，要求遗传资源的涉外利用应当提出国家共享惠益的方案。环境保护部发布《加强生物遗传资源管理国家工作方案（2014—2020年）》，建立生物遗传资源获取与惠益分享信息交换所，联合相关部门发布《关于加强对外合作与交流中生物遗传资源利用与惠益分享管理的通知》，以加强对外合作与交流中生物遗传资源管理，促进惠益分享。2018年，生态环境部开始组织《生物遗传资源获取管理条例》的起草工作。国家知识产权局牵头参加世界知识产权组织知识产权与遗传资源、传统知识和民间文艺政府间委员会会议，与国家中医药管理局等部门联合发布《关于加强中医药知识产权工作的指导意见》，努力推动建立有关中医药产业发展的遗传资源、传统知识保护制度。商务部积极参加世贸组织与贸易有关的知识产权理事会会议，着力推进《与贸易有关的知识产权协定》（以下简称《TRIPS协定》）与《公约》对接，使《TRIPS协定》体现《公约》国家主权、知情权和惠益共享的原则。

（11）生物多样性保护监督检查力度不断加强

中国政府加大对破坏生物多样性违法活动的惩处力度。对陕西秦岭山麓生态屏障违规建别墅、青海木里煤田超采破坏植被、新疆卡拉麦里自然保护区给煤矿开采让路等严重破坏自然保护区的生态环境事件开展专项核查，严肃查处典型的违法违规活动。原环境保护部等十部门联合印发《关于进一步加强涉及自然保护区开发建设活动监督管理的通知》，完成400多处国家级自然保护区卫星遥感监测，查处一批涉及自然保护区的违法活动。为贯彻落实《中共中央办公厅 国务院办公厅关于甘肃祁连山国家级自然保护区生态环境问题督查处理情况及其教训的通报》精神，全面强化全国自然保护区监管，2017年7—12月，环境保护部、国土资源部、水利部、农业部、国家林业局、中国科学院、国家海洋局等7部门联合组织开展了"绿盾2017"国家级自然保护区监督检查专项行动，坚决查处涉及国家级自然保护区的违法违规问题。环境保护部等部门对甘肃祁连山等6处国家级自然保护区所在地政府、省级行业主管部门及自然保护区管理局进行公开约谈，遏制了无序开发建设活动对自然保护区的破坏。农业部、国家海洋局分别对水生生物和海洋自然保护区进行专项监督检查。农业部组织实施了中国渔政"亮剑2017"系列专项执法行动，严厉打击各种违规捕捞水生生物资源和破坏水生态环境的行为。交通运输部、环境保护部核查发现长江沿线265个无证码头位于自然保护区内，对有关地方政府提出了整改要求。国土资源部对自然保护区内矿产资源开发活动进行调查和清理。国家林业局开展"绿剑行动"，对30处存在问题的林业自然保护区进行重点督办。各地区对辖区内自然保护区开展执法检查，重点检查和整治采矿探矿、旅游开发等活动，对140处国家级自然保护区核心区和缓冲区内的违法违规活动进行了整顿。

2015 年林业、公安、海关、质检、司法等 7 部门开展亚洲和非洲数十个国家及多个国际组织参与的"眼镜蛇三号行动"跨国跨洲联合打击执法行动。公安部增加警种、加强区域合作，全方位核查侦办侵害野生动植物犯罪活动案件，与森林公安局联合指挥侦破"7·16"走私、贩卖珍贵、濒危野生动物制品案，摧毁多个犯罪团伙，督办江苏徐州"2015·12·3"、盐城"4·22"、辽宁葫芦岛"3·18"等特大非法收购、运输、出售珍贵、濒危野生动物案件。住房和城乡建设部实现 225 处国家级风景名胜区遥感监测全覆盖。农业部查处非法采集草原野生植物案件 720 余起，严厉打击乱采滥挖草原野生药用植物。海关总署开展"国门之盾"等活动，重拳打击濒危物种走私，查办了一批走私大案；与国家林业局联合完成查没象牙公开销毁相关活动，重点打击象牙等濒危动植物走私；联合德国海关破获 1 起特大走私濒危植物案，查证涉案"龟甲牡丹"1 500 余株。工商总局加强专项治理，严厉查处经营濒危海洋野生动物及其产品等违法行为，印发《关于进一步加强海洋野生动物保护工作的通知》，工商系统共查处违反野生动植物保护法律法规案件 107 件。质检总局发布《关于加强出入境生物物种资源检验检疫工作的指导意见》，制定出入境物种资源检验鉴定技术标准体系，开展的打击非法携带、邮寄植物种子、种苗进境为主的"绿蕾"专项行动，截获 2.2 万批、80 多吨种子、种苗。2016 年全国口岸截获有害生物 6 305 种、122 万批次，有效保障了国门生物安全。

（12）加大生物多样性科学研究和人才培养力度

国家在自然科技资源共享平台建设方面，安排涉及动物、植物、微生物、林木种质资源等方面的资源调查、收集与平台建设工作。科技部会同环境保护部、国家林业局等部门组织实施"典型脆弱生态修复与保护研究"重点专项，建立珍稀濒危植物 DNA 条形码鉴定平台。财政部每年通过专项转移支付资金和相关部门预算，安排林业国家级自然保护区、珍稀濒危野生动物保护等经费，重点用于加强保护区建设，开展生物多样性调查、宣传教育、国际合作、珍稀濒危野生动物保护等；安排物种资源保护经费，主要支持濒危水生野生动植物保护、农业野生物种保护等。国土资源部开展"典型露天煤矿复垦生物多样性恢复研究"。环境保护部围绕生物多样性保护优先区域和国家自然保护区管理等实施了多项公益科研项目。农业部启动农业野生植物资源保护利用和恶性外来入侵植物综合防控等技术的研究和应用示范。国家中医药管理局开展"中医药传统知识技术研究"。中国科学院启动战略生物资源网络专项建设，完成了植物园体系、生物标本馆、生物遗传资源库以及生物多样性监测及研究网络四个资源收集保藏平台建设，完成了植物种质资源、生物资源衍生库和天然活性化合物三个评价转化平台建设，并实现动物、植物、微生物、标本馆等资源汇聚集成的综合信息网络建设，为我国生物资源的收集、保藏、保护、利用，支持国民经济可持续发展发挥了重要作用。同时，通过青年人才项目、专项培训、学术会议等交流会议，为人才培养发挥了重要作用。

教育部加强生物多样性学科建设，支持生物多样性领域创新团队和人才建设，增加高校专业及学科设置自主权。全国共有相关博士学位授权一级学科点 396 个，硕士学位授权一级学科点 497 个，涉及近 300 个学位授予单位，已有 140 余所高校一级学科下自主设置 700 余个生物多样性相关二级学科。中国生物多样性相关专业培养的研究生人数逐年递增，2013 年达到 10 万人。

近年来，中国开展了"千人计划""长江学者奖励计划"等一系列重大人才计划，引进、培养了一大批生物多样性研究领域的高水平学科带头人，带动相关国家重点建设学科赶超或保持国际先进水平。

（13）宣传教育与公众参与程度不断提升

中国积极组织开展"联合国生物多样性十年中国行动"。环境保护部联合原国土资源部、原农业部等 7 部门召开国际生物多样性日暨中国自然保护区发展 60 周年大会，对全国自然保护区先进集体和先进个人进行通报表扬；联合中国科学院发布《中国生物多样性红色名录——高等植物卷》《中国生物多样性红色名录——脊椎动物卷》《中国生物多样性红色名录——大型真菌卷》；联合自然资源部、水利部、农业农村部等 7 部门开展"绿盾"自然保护区监督检查专项行动巡查工作，设立举报电话、开通微信举报平台，拓宽群众参与自然保护区监督检查的渠道和参与范围。科技部会同相关部门发布《生态保护科技创新十年巡礼》，面向全社会发布多项先进适用技术成果，实现加快科技成果应用和推动环境治理的"双丰收"。教育部组织建设《生物多样性及保护》《保护生物学》《生态与可持续发展》等 30 余门与生物多样性、生态保护相关的视频公开课与精品资源共享课；将生物多样性保护相关教育内容融入初高中课程，其中初中生物课程将生物多样性列为十个一级主题之一；完成义务教育小学科学课程标准修订工作，明确相关教学要求，增强生物多样性保护意识。国土资源部在"4·22"地球日、"6·25 土地日"和全国科普日，举办土地整治中生物多样性保护理念和方法相关讲座等。住房和城乡建设部编发《中国世界自然遗产事业发展公报（1985—2015 年）》，宣传和展示 30 年中国世界自然遗产保护和发展成就。农业部在"5·22 国际生物多样性日"组织开展"加强草原生物多样性保护建设生态文明和美丽中国"主题宣传活动，组织开展"关爱水生野生动物，共建和谐家园"水生野生动物保护科普宣传月、世界海龟日等系列主题宣传活动。在每年"6·6全国放鱼日"期间组织各地同步开展水生生物增殖放流活动。质检总局在中国科学院国家动物博物馆和上海自然博物馆分别开设"国门生物安全分馆"，在五大航空公司航班上放置国门生物安全须知卡 188 万份。国家新闻出版广电总局通过《新闻直播间》《央广新闻》《新闻和报纸摘要》报道全国各地生物多样性重点工作、成果及国际社会相关工作动态，播出《关注南海生态保护》《开启善行·寻找爱的故事》专题节目和公益广告普及生物多样性知识，通过微信公众号、官方微博以及官方网站发布大量生物多样性保护相关信息。国家林业局召开全国第四次大熊猫调查结果新闻发布会，正式对外发布野生大熊猫数量，在"野生动植物日""世界湿地日""国际森林日"组织主题宣传活动。中国科学院在全国连续举办了 14 届公众科学日活动，将"植物科普馆""种子博物馆"等系列场馆，以及一大批与生物保护和利用相关的国家重点实验室、植物园、大科学装置等免费向公众开放，同时通过讲座、报告、公开课、现场演讲等形式，与公众进行面对面交流，较好地向公众普及了生物多样性保护知识，对提高公众的环境保护意识、促进人与自然和谐发展具有非常重要的作用；此外，还举办了"植被与环境保护"专题科普宣讲活动；组织发表和出版了《兰之殇》《种子方舟》等一系列高质量、发人深省的生物多样性保护原创科普文章和专著。国家中医药管理局在"5·22国际生物多样性日"以"中药资源，健康之源"为主题，开展"中药多样性图片展览"活动。《光明日报》（生态版）长期开设生物多样性相关专栏，推出公益活动"森林中国——寻找中国生态英雄"，开展"5·22国际生物多样性日"系列纪念宣传活动，推出纪念日特刊，在"科普中国"频道推出微科普视频节目介绍物种红色名录。

（14）国际交流与合作不断深化

中国政府积极履行《公约》及《名古屋议定书》、《卡塔赫纳生物安全议定书》等国际公约，派出政府代表团参加了公约及其议定书历次缔约方大会，加强国际交流与合作。在履行《全球植物保护战略》中，中国科学家发挥了骨干作用，在"全球植物保护伙伴会议"上作了大会报告，中国等四个国家被评为履约先进国家。中国政府派员赴新加坡、捷克参加国际刑警组织召开的打击野生动物犯罪工作会议，积极参加国际"眼镜蛇三号行动"，部署重点地区有针对性打击侵害野生动物犯罪活动；建立了中国—中东欧、中国—东盟等多（双）边合作机制；建立了"中国科学院东南亚科教中心"，加强了中国与缅甸、泰国、老挝、柬埔寨和越南等东南亚国家在生物多样性科学、传统医学与民族植物学、生物资源持续利用、生态系统与环境变化、大河流域及跨境水域管理和水生生物保护工作等领域的合作研究，有效提升了当地的教育水平和科技实力。明确援外要建设生态环境保护示范工程，将生态保护作为中国在东北亚、东南非和中西非地区部分国家重点援助领域，安排实施向津巴布韦、博茨瓦纳等非洲国家提供生物多样性保护设备等项目；与33个国家签署40份林业合作协议，为106个发展中国家培训林业人员3 000人次，与7个国家启动大熊猫合作研究；与挪威驻华使馆签署"中挪生物多样性和气候变化"项目协议和"将生物多样性和生态系统服务价值纳入中国决策主流"项目协议，开展雅安地震灾后生态恢复与生物多样性保护示范前期研究项目；举办非洲野生动植物保护与履约官员研修班、亚洲生物多样性数据共享研讨会、第五届整合动物学国际研讨会、第十三届国际菌种保藏大会、第五届国际生命条形码大会、发展中国家培训项目"生物多样性保护与管理研讨班"等一系列国际学术研讨会。

案例 2.15 "人与生物圈计划"践行生物多样性保护

为了增进人与自然之间的关系，解决全球日益严峻的生态环境及可持续发展危机，联合国教科文组织于 1971 年发起了"人与生物圈计划"（Man and the Biosphere Programme,MAB）。在中国科学院等有关部门的支持下，中国人与生物圈国家委员会（以下简称委员会）于 1978 年成立。

1. 以世界生物圈保护区为生物多样性保护实践地

截至 2018 年，中国已经有 34 个世界生物圈保护区。世界生物圈保护区要求具备保护生物多样性、科研宣教等后勤支撑和促进可持续发展三项功能。1995 年，联合国教科文组织"人与生物圈计划"《塞维利亚纲要》制定后，世界生物圈保护区被定位为生物多样性保护和可持续发展的实践地。

2013 年以后，委员会调整了世界生物圈保护区申报与评估的策略，重点由数量增加转变为提升质量，结合中国生物多样性保护优先区域，引导生物多样性丰富和适合开展可持续发展实践的区域进行申报。

同时，委员会加强对评估的管理，制订了严格的评估计划，对 18 个世界生物圈保护区在评估中的遗留问题进行跟进和敦促整改。

2. 依托中国生物圈保护区网络，开展培训、宣教等工作

委员会 1995 年成立了中国生物圈保护区网络，截至 2018 年已有 177 个保护区成员单位。网络每年召开中国生物圈保护区会议和培训。2015 年起，建立了系统的培训体系，每年定期开展动植物监测、公众科普宣传等专题培训。

3. 积极宣传生物多样性保护成果

委员会 1994 年创办了科普杂志《人与生物圈》，结合中国"人与生物圈计划"的实施和生物多样性保护工作，宣传中外生物多样性保护的案例和经验，如东南亚生物多样性专题等。

2017 年与新华网签订战略合作协议，开设"人与生物圈"专题频道，宣传"人与生物圈计划"和生物多样性保护工作。

4. 培养生物多样性保护人才

除了针对所有中国生物圈保护区的培训，委员会还利用世界生物圈保护区网络和东亚生物保护区网络等，为中国的保护区争取国际培训和专业培训的机会，先后组织 7 次东亚生物圈保护区培训，2018 年，选派梵净山、蛇岛等保护区参与其他地区组织的生物多样性公众教育和海岛类型保护区的专门培训。

2016 年起，设置了"青年科学奖"和"绿色卫士奖"鼓励保护区青年人才和长期在保护区一线工作的人员。2018 年为庆祝中国人与生物圈国家委员会成立 40 周年和中国加入"人与生物圈计划"45 周年，颁发了"杰出贡献奖"。

案例 2.16 中挪雅安市地震灾后生态恢复及雅安国家公园

2014 年 12 月，中挪双方签署了"雅安地震灾后生态恢复与生物多样性保护示范项目"协议，并于 2014—2015 年开展了项目前期研究工作。2016 年 4 月，项目更名为"雅安市地震灾后生态恢复及雅安国家公园与水资源管理框架能力建设项目"，并在四川雅安市正式启动。该项目皆在提升雅安市在生物多样性保护、水土保持和可持续经济社会发展领域的创新管理水平。项目执行期为 3 年，挪方共提供 2 423.6 万挪威克朗资金，中外执行机构分别为商务部交流中心和挪威环境署。2018 年，项目已申请延期和开展二期合作。

项目主要成果包括：

（1）建立跨林业和环保系统的综合协作机制。

（2）设计国家公园边界，建立涵盖地区生物多样性保护和流域环境恢复的统一国家公园管理框架体系。

（3）建立生物多样性及生态功能修复基础知识体系，撰写基线报告。

（4）基于提出的有关陆地及流域生态系统管理框架，起草和出版项目实施规章。

（5）项目结果贯彻落实到各级相关部门。

该项目围绕国家公园管理框架设计与能力建设及公园区宝兴河流域整体管理框架设计和能力建设两方面工作，完成相关技术报告 10 份，研究成果为国家相关部门制定国家公园、流域综合管理等政策提供了参考，并通过研讨和培训等多种形式实现了相关部门共享。

案例 2.17 蒙古国戈壁熊保护技术援助项目

中国政府高度重视《公约》履行工作，通过对外援助积极参与野生动物保护的国际合作，履行相关国际责任和义务，致力于维护全球生态安全。

为回应蒙古国保护戈壁熊的迫切期望，经与蒙方多次沟通并派组赴现场考察，2017 年 5 月，中国政府同意承担蒙古国戈壁熊保护技术援助项目。根据中、蒙两国政府换文，中方将开展为期三年的戈壁熊栖息地管理和技术援助项目，主要包括：在蒙古国大戈壁保护区内，开展戈壁熊重要栖息地地理信息系统构建及生态环境质量评价研究、栖息地食用植物种群动态研究、栖息地生物多样性监测研究、戈壁熊种群数量研究等工作；培训保护区技术和管理人员、提供保护区专用设备、安装自动气象站、为戈壁熊提供野外捕食等。项目执行单位为中国林业科学研究院，项目自 2018 年起正式实施。

案例 2.18　中挪"将生物多样性和生态系统服务价值纳入中国决策主流"项目

2014 年 12 月，中挪双方签署了"将生物多样性和生态系统服务价值纳入中国决策主流"项目协议。项目旨在通过关联生物多样性、生态系统服务、公民福祉和经济评估等要素，促进生物多样性主流化的政策制定，从而提升和改善生物多样性管理和生态系统服务水平。该项目于 2016 年正式启动，执行期为 3 年，挪方共提供 2 038.43 万挪威克朗资金，中外执行机构分别为中国环境科学研究院和挪威环境署。项目启动以来，中挪双方通过应用研究、案例研究和示范县建立等活动，提高示范县对生物多样性保护的认识，推动将生物多样性保护价值纳入县级决策和规划中，已取得良好效果。

目前，该项目开展了不同尺度和不同类型的生物多样性与生态系统服务价值评估，包括县域和市域、自然保护区、自然系统、物种等价值评估。同时，该项目开发了一系列生物多样性主流化指标体系和方法，为生物多样性纳入政绩考核、干部离任审计、相关规划和决策提供强有力的支持，其中一些指标已被人大通过和政府采纳。

项目主要成果包括：

（1）对生态环境部重点工作——"中国生物多样性和生态系统服务经济价值评估（TEEB）行动"提供直接支持。

（2）普洱市采用项目的方法和指标等，开展了九县一区的生物多样性与生态系统服务价值评估。

（3）所有示范县都将生物多样性纳入"十三五"规划。

（4）在《生物多样性公约》缔约方大会和联合国环境规划署网站展示并推广项目成果。

2.2 《中国生物多样性保护战略与行动计划》的总体进展评估

《战略与行动计划》共有 10 个优先领域、30 个优先行动。设定三个层级指标，一级指标对应优先领域，二级指标对应优先行动，三级指标对应具体指标；采用层次分析法和专家咨询法，对优先领域和优先行动实施进展进行评估。评估结果采用五分法，即全部实现、有很大进展、有一定进展、进展缓慢、没有进展五个等级（表 2-1）。

表 2-1　评估层级对应分值情况

评估层级	全部实现	有很大进展	有一定进展	进展缓慢	没有进展
分值	100	80～100	60～80	0～60	0

通过综合评估,《战略与行动计划》的总体评估结果为"有很大进展"。其中,优先领域3、优先领域5、优先领域6、优先领域7和优先领域8"有一定进展",其他五个优先领域均"有很大进展"(表2-2)。在30个优先行动中,20个行动有很大进展,9个行动有一定进展,1个行动进展缓慢。

表2-2 《战略与行动计划》优先领域与优先行动进展评估

优先领域	优先行动	进展评估	进展评估
优先领域1:政策和法律体系	优先行动1	◕	
	优先行动2	◕	◕
	优先行动3	◕	
优先领域2:规划	优先行动4	◔	
	优先行动5	◕	◔
	优先行动6	◕	
优先领域3:调查和观测	优先行动7	◕	
	优先行动8	◕	
	优先行动9	◕	●
	优先行动10	◕	
	优先行动11	◕	
优先领域4:就地保护	优先行动12	◕	
	优先行动13	◕	
	优先行动14	◕	◕
	优先行动15	◕	
	优先行动16	◕	
优先领域5:迁地保护	优先行动17	◕	
	优先行动18	◕	◑
	优先行动19	◕	

优先领域	优先行动	进展评估	进展评估
优先领域 6：遗传资源	优先行动 20		
	优先行动 21		
	优先行动 22		
优先领域 7：生物安全	优先行动 23		
	优先行动 24		
优先领域 8：气候变化	优先行动 25		
	优先行动 26		
优先领域 9：科学研究	优先行动 27		
	优先行动 28		
优先领域 10：公众参与	优先行动 29		
	优先行动 30		

注：⬤ 全部实现；◐ 有很大进展；◔ 有一定进展；◕ 进展缓慢

中国生物多样性保护取得的成就体现在以下四个方面：

①基本建立了具有中国特色的生物多样性保护与管理体系。

a. 保护和可持续利用生物多样性的法律法规日益完善。

b. 基本形成生物多样性保护工作机制，政府管理能力得到进一步提升。

c. 各类陆域保护地面积约占陆地国土面积的 18%，超过 90% 的陆地自然生态系统类型、89% 的国家重点保护野生动植物都在自然保护地内得到保护，形成了类型比较齐全、布局比较合理、功能比较健全的自然保护地网络。

d. 公众参与生物多样性保护平台逐步拓展，公众保护积极性和参与能力有较大提高。

e. 生物多样性保护科技投入机制逐步完善，大专院校、科研院所的创新能力有较大提升。

f. 国际合作交流取得新进展。

②生态环境状况明显改善。

a. 2017 年，全国 338 个地级及以上城市可吸入颗粒物（PM_{10}）平均浓度比 2013 年下降 22.7%，京津冀、长三角、珠三角区域细颗粒物（$PM_{2.5}$）平均浓度比 2013 年分别下降 39.6%、34.3%、27.7%，北京市 $PM_{2.5}$ 平均浓度从 2013 年的 89.5 微克 / 米³ 降至 58 微克 / 米³。全国地表水优良水质断面比例不断提升，Ⅰ～Ⅲ类水体比例达到 67.9%，劣Ⅴ

类水体比例下降到 8.3%，大江大河干流水质稳步改善（生态环境部，2018）。

b. 森林面积达到 2.08 亿公顷，森林覆盖率达到 21.66%，森林蓄积量达到 151.37 亿立方米，其中天然林蓄积增加量占 63%，天然林面积从原来的 1.20 亿公顷增加到 1.22 亿公顷，在全球森林资源减少的情况下，中国成为同期森林资源增长最多的国家。

c.2017 年，全国草原综合植被盖度达 55.3%，天然草原鲜草总产量达 10.7 亿吨，连续 7 年稳定在 10 亿吨以上。草原保护重大工程区草原植被盖度比非工程区平均高出 15 个百分点，单位面积鲜草产量高出 85%。

d. 恢复湿地 23.33 万公顷，退耕还湿 5.1 万公顷，全国湿地总面积 5 360.26 万公顷，湿地保护率达 49.03%。

e. 全国沙化土地面积继续减少，土地沙化趋势整体得到初步遏制。

③一些国家重点保护野生动植物种群数量稳中有升，分布范围逐渐扩大，生境质量持续改善。

大熊猫数量从 20 世纪 80 年代的 1 000 只左右增长到 1 864 只，野生大熊猫栖息地面积为 258 万公顷，潜在栖息地 91 万公顷。朱鹮总数由 1981 年发现时的 7 只增长到现在的 2 600 多只，野生朱鹮栖息地面积由发现时的不足 500 公顷扩大到 140 多万公顷。普氏原羚种群数量从 2003 年不足 200 只增加到 2 010 只，14 年来数量增长 10 倍多。红豆杉、兰科植物、苏铁等保护植物种群不断扩大。

④在保护生物多样性的同时地方经济社会得到全面发展。

在保护和恢复生物多样性的同时，当地社区的福祉也在改善。农村居民家庭人均纯收入 2015 年比 2000 年增加了 53.03%。重点生态工程区样本县脱贫人口达到 654 余万人；与 2013 年相比，天然林资源保护工程区样本县贫困人口数量下降 33.95%。

第三章
中国实施爱知生物多样性目标的进展

2010 年 10 月,在日本爱知县召开《公约》第十次缔约方大会,通过了全球《生物多样性战略计划（2011—2020 年)》。该战略计划确定了 2020 年全球生物多样性目标（也称爱知目标),为全球生物多样性保护提出了路线图和时间表。爱知目标由 5 个战略目标和 20 个纲要目标组成。中国从压力、状态、惠益、响应等方面,设计关于爱知目标的国家生物多样性评估指标体系。指标体系的设置遵循以下原则:①综合、全面表征生物多样性的各个要素;②客观、及时反映生物多样性的变化;③容易被决策者、公众和管理人员理解,有广泛的认可度;④能精确测量,数据采集成本较低;⑤对政策变革所产生的变化较为敏感;⑥国际通用与国家特色相结合。该指标体系包括 20 个一级指标、66 个二级指标（表 3-1)。其中一些指标属于第四版《全球生物多样性展望》采用的指标和《公约》提出的生物多样性评估指标（第Ⅷ/28 决定),如红色名录指数、地球生命力指数、海洋营养指数、有机农业用地面积比例、氮盈余和物种出现记录等;部分指标为中国特色指标,如每 10 年新发现的外来入侵物种种数、活立木总蓄积量、地表水水质优良（Ⅰ～Ⅲ类)水体比例、农作物和畜禽遗传资源保有量、农业野生植物原生境保护区（点)数量等。

表 3-1　中国关于爱知生物多样性目标的国家评估指标

一级指标	二级指标
压力	
1. 环境污染	(1) 主要污染物排放量（化学需氧量、氨氮、二氧化硫、氮氧化物、废气、固体废物)
	(2) 单位 GDP 污染物排放量
	(3) 单位 GDP 能耗
	(4) 单位 GDP 碳排放量
	(5) 氮盈余
2. 外来物种入侵	(6) 每 10 年新发现的外来入侵物种种数
	(7) 口岸截获有害生物的种数和批次
3. 资源耗用	(8) 生态足迹

一级指标	二级指标
状态	
4. 生态系统宏观结构	（9）森林、湿地、草地等生态系统的面积及比例
5. 生态系统健康状况	（10）森林生态系统净初级生产力
	（11）天然林面积
	（12）活立木总蓄积量
	（13）天然草原鲜草总产量
	（14）陆地生态系统固碳量
	（15）海洋营养指数
	（16）地表水水质优良（Ⅰ～Ⅲ类）水体比例
6. 物种多样性	（17）红色名录指数
	（18）地球生命力指数
	（19）海洋生物多样性指数
7. 遗传资源	（20）地方品种资源保存数量
惠益	
8. 生态系统服务的提供	（21）食物供给服务
	（22）生态调节服务
	（23）海洋健康指数
9. 直接依赖于当地生态系统服务的居民福祉的变化	（24）重点生态工程区贫困人口数量
	（25）农村居民家庭人均纯收入
响应	
10. 自然保护区体系建设	（26）自然保护区数量和面积
	（27）陆地生物多样性优先保护区内自然保护区的面积比例
	（28）风景名胜区数量和面积
	（29）森林公园数量和面积
	（30）国家级水产种质资源保护区数量和面积
	（31）海洋特别保护区面积占中国管辖海域面积的比例
	（32）保护区生态代表性指数

一级指标	二级指标
11. 种质资源保有量	（33）农作物遗传资源保有量
	（34）林木遗传资源保有量
	（35）畜禽遗传资源保有量
	（36）农业野生植物原生境保护区（点）数量
12. 可持续利用与管理	（37）有机农业用地面积占农业用地面积的百分比
	（38）国家级公益林面积
	（39）休渔面积占内陆水体或海域面积的百分比
	（40）天然草原牲畜超载率
13. 政策和规划的实施	（41）编制省级战略与行动计划的数量
	（42）与生物多样性保护和可持续利用相关的国家层面和各部门政策数量
	（43）国家及省级层面出台的生态补偿及相关政策的数量
	（44）国家及省级层面出台的生态环境损害赔偿制度的数量
14. 生境保护与恢复	（45）重点生态工程区森林覆盖率
	（46）重点生态工程区森林蓄积量
	（47）荒漠化和沙化土地面积的净减少量
	（48）重点生态工程区草原植被覆盖度
15. 污染控制	（49）清洁能源占比
	（50）城市集中式饮用水水源地水质达标率
	（51）全国烟气脱硫机组装机容量及其占全部火电机组容量的比例
16. 资源综合利用	（52）农作物秸秆综合利用率
	（53）处理农业废弃物工程年产量
	（54）处理农业废弃物工程总池容
	（55）生活污水净化沼气池村级处理系统总池容
17. 外来入侵物种安全管理	（56）发布的外来入侵物种风险评估标准的数量
18. 公众意识	（57）不同年份通过百度检索到有关中国生物多样性的条目
19. 与生物多样性保护有关的知识	（58）相关非物质文化遗产申请的数量
	（59）已记录的中医药相关法律法规的数量

一级指标	二级指标
19. 与生物多样性保护有关的知识	（60）已认定的地理标志产品的数量
	（61）生物多样性研究领域的专利申请数量
	（62）有关生物多样性保护的论文数量
	（63）国家研发投入占 GDP 的比例
	（64）物种出现记录
20. 生物多样性保护相关资金的投入	（65）国家及省级生态保护资金投入
	（66）国家重点生态功能区转移支付县数和投入

3.1　中国实施各项爱知生物多样性目标的进展

目标 1

最迟到 2020 年，人们认识到生物多样性的价值，并知道采取何种措施来保护和可持续利用生物多样性。

（1）背景

提高全社会的保护意识和公众参与能力，改变个体、组织及政府的行为／意识，是保护生物多样性的关键。百度是全球最大的中文搜索引擎，百度 PC 端和移动端市场份额总量达 73.5%，覆盖了中国 97.5% 的网民，拥有 6 亿用户，日均响应搜索 60 亿次。选取"不同年份通过百度检索到有关中国生物多样性的条目"这一指标，可以很好地表征中国生物多样性的保护意识。

（2）现状与趋势

指标：不同年份通过百度检索到有关中国生物多样性的条目

各有关部门、各地通过电视、网络、报刊、广播等媒体，举办培训班、大讲堂、发放培训材料等方式，主办各类宣传活动，加大对生物多样性保护重要性和知识的宣传力度。2014 年 5 月，为积极推动公众参与环境保护，环境保护部发布《关于推进环境保护公众参与的指导意见》。2015 年，环境保护部出台《环境保护公众参与办法》，成为首部关于公众参与的部门规章，其中明确指出，"环境保护主管部门可以通过征求意见、问卷调查，组织召开座谈会、专家论证会、听证会等方式征求公民、法人和其他组织对环境保护相关事项或者活动的意见和建议。公民、法人和其他组织可以通过电话、信函、传真、网络等方式向环境保护主管部门提出意见和建议"。其他有关部门的宣传教育活动详见第二章 2.1 之（13）。

利用网络搜索，查询不同年份搜索关键词为"生物多样性"的信息条目，结果表明，从 2009 年开始，有关"生物多样性"的搜索大幅度上升（图 3-1），表明生物多样性越来越多地为公众所关注，生物多样性保护意识有了明显的提高。

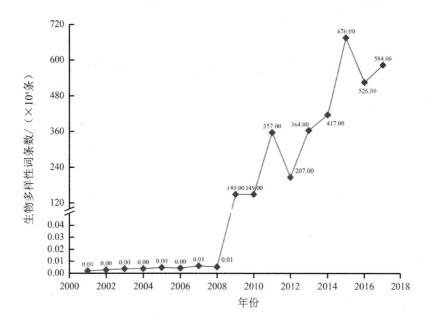

图 3-1　不同年份通过百度搜索到有关生物多样性的条目

数据来源：百度搜索

在地域分布上，北京、上海、江苏、浙江、福建、山东、广东等东部经济发达地区对生物多样性的关注度较高。四川、云南等生物多样性丰富的省份，对生物多样性的关注度也位于前列。

（3）进展评估

采用数学模型（Tittensor et al., 2014），预测评估指标到 2020 年的变化趋势、指标值和置信区间。由于大部分爱知目标缺乏目标实现与否的限值，往往不能用一个可参考的终点值来评估目标的实施进展，因此将评估指标按压力、状态、惠益和响应进行分类，将 2020 年的指标预测值与 2013 年的指标值相比较，说明自 2013 年（第五次国家报告提交年份）以来中国实施爱知目标的进展。爱知目标的实施进展分为：正在超越、正在实现、取得一定进展但速度缓慢、无显著变化、偏离目标、未知等（其他爱知目标的处理方式相同，下面不再重复说明）。通过百度检索到有关中国生物多样性的条目大幅度提升，预测分析表明该指标呈增长趋势（图 3-2），表明该目标"正在实现"（表 3-2）。

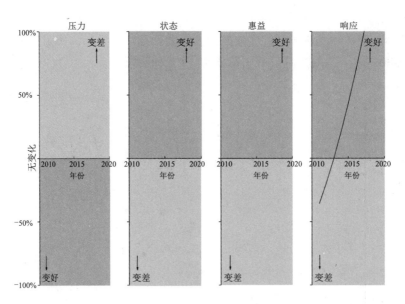

图 3-2　爱知目标 1 下相关指标的变化趋势

表 3-2　爱知生物多样性目标 1 进展评估的信息收集

项　目	内　容
评估完成日期	2018 年 6 月
评估本目标的指标清单	不同年份通过百度搜索到有关生物多样性的条目
进展评估相关证据的信息	百度搜索；生态环境部、农业农村部等部委网站
评估的置信水平	基于全面证据
支撑评估的监测信息的充分性	充分
指标如何监测	通过百度网络（https://www.baidu.com）查询，实时更新 与监测系统相关的额外信息：暂无

目标 2

最迟到 2020 年,生物多样性的价值已被纳入国家和地方发展、扶贫战略及规划进程,并被酌情纳入国民经济核算体系和报告系统。

（1）背景

把生物多样性的价值纳入国家战略、规划和核算体系,能使决策者正确认识生物多样性的价值,理解生物多样性丧失导致的严重后果,处理好保护与发展的关系。生物多样性在社会经济发展中的主流化途径包括科学的空间规划、系统保护规划、战略环境影响评价、生态补偿机制等。中国政府在国家和部门层面逐渐将生物多样性保护纳入各项工作,出台了一系列相关的政策。因此,选取"与生物多样性保护和可持续利用相关的国家层面和各部门政策数量"这一指标,可以很好地表征中国政府将生物多样性保护纳入国家和地方发展战略规划的程度,体现中国生物多样性主流化的进程。

(2)现状与趋势

指标:与生物多样性保护和可持续利用相关的国家层面和各部门政策数量

2013 年 4 月,十二届全国人大常委会第二次会议审议《国务院关于生态补偿机制建设工作情况的报告》,要求出台建立健全生态补偿机制的意见。《国务院关于近期支持东北振兴若干重大政策举措的意见》要求推进重点生态功能区建设,继续实施天然林资源保护工程,推进三江平原、松辽平原等重点湿地保护,实施流域湿地生态补水工程。2015 年,中共中央、国务院印发《关于加快推进生态文明建设的意见》和《生态文明体制改革总体方案》,对今后一个时期中国生态文明建设制度改革做出了全面规划和部署。中共中央、国务院做出打赢脱贫攻坚战的决定,将生态扶贫作为脱贫攻坚的一项重要措施,明确国家实施的一系列重大生态工程,在项目和资金安排上进一步向贫困地区倾斜,要求加大贫困地区生态保护修复力度。同年,中共中央办公厅、国务院办公厅印发《党政领导干部生态环境损害责任追究办法》和《生态环境损害赔偿制度改革试点方案》。2016年,《国务院办公厅关于健全生态保护补偿机制的意见》(国办发〔2016〕31 号)发布,该意见是国务院关于生态保护补偿方面的首个专门文件,是生态保护补偿的顶层制度设计,是重点领域补偿、重要区域补偿和地区间补偿的指导性文件。《国务院办公厅关于印发湿地保护修复制度方案的通知》要求严格湿地用途监管,确保湿地面积不减少,增强湿地生态功能,维护湿地生物多样性。

2011 年以来,有关部门共发布多项涉及生物多样性保护和可持续利用的部门规章(图3-3)。例如,国家发改委会同相关部门编制《关于加强资源环境生态红线管控的指导意见》《关于促进绿色消费的意见》等;财政部发布《关于扩大新一轮退耕还林的通知》《关于推进山水林田湖生态保护修复的通知》等;农业部发布《关于切实加大草原生态环境整治力度的通知》《关于进一步规范水生生物增殖放流活动的通知》《关于进一步加强长江江豚保护管理工作的通知》等;住房和城乡建设部发布《关于进一步加强公园建设管理的意见的通知》《关于加强植物园植物物种资源迁地保护的指导意见》等;环境保护部发布《关于加强国家重点生态功能区环境保护和管理的意见》《关于印发〈加强生物遗传资源管理国家工作方案(2014—2020 年)〉的通知》《关于进一步加强涉及自然保护区开发建设活动监督管理的通知》等;质检总局发布《关于进出口贸易中生物物种资源调查工作的通知》《关于加强出入境生物物种资源检验检疫工作的指导意见》等;国家林业局发布《开展森林资源可持续经营管理试点的通知》《关于进一步加强林业系统国家自然保护区管理工作的通知》等。

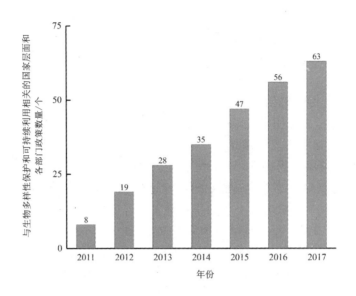

图 3-3　与生物多样性保护和可持续利用相关的国家层面和各部门政策数量

数据来源：中国相关部委网站

（3）进展评估

与生物多样性保护和可持续利用相关的国家层面和各部门政策数量持续增长，预测分析表明该指标呈增长趋势（图 3-4），表明该目标"正在实现"（表 3-3）。

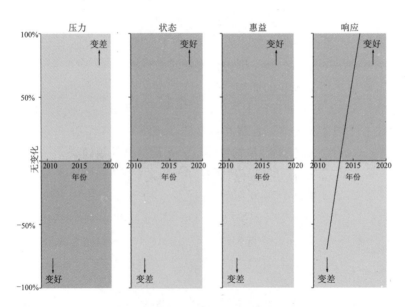

图 3-4　爱知目标 2 下相关指标的变化趋势

表 3-3 爱知生物多样性目标 2 进展评估的信息收集

项 目	内 容
评估完成日期	2018 年 6 月
评估本目标的指标清单	与生物多样性保护和可持续利用相关的国家层面和各部门政策数量
进展评估相关证据的信息	生态环境部、农业农村部等部委网站
评估的置信水平	基于全面证据
支撑评估的监测信息的充分性	充分
指标如何监测	通过查询相关部委网站获取 与监测系统相关的额外信息：暂无

目标 3

最迟到 2020 年，消除、淘汰或改革危害生物多样性的鼓励措施（包括补贴），以尽量减少或避免消极影响，制定和执行有助于保护和可持续利用生物多样性的积极鼓励措施，并遵照《公约》和其他相关国际义务，顾及国家社会经济条件。

（1）背景

中国不断出台生态补偿的相关政策，持续加强重点生态功能区转移支付以及森林生态效益补偿、草原生态保护补助奖励和湿地生态补偿等方面的投入。中国积极推动生态环境损害赔偿的制度化建设，逐步建立生态环境损害的修复和赔偿制度，明确生态环境损害赔偿范围、责任主体、索赔主体、损害赔偿解决途径等。因此，选取"国家及省级层面出台的生态补偿及相关政策的数量""国家及省级层面出台的生态环境损害赔偿制度的数量""国家和省级生态保护资金投入""国家重点生态功能区转移支付县数和投入"等指标，可以很好地表征中国在积极鼓励措施和补贴政策上做出的巨大努力。

（2）现状与趋势

指标 1：国家及省级层面出台的生态补偿及相关政策的数量

2016 年中国发布《国务院办公厅关于健全生态保护补偿机制的意见》，提出到 2020 年，实现森林、草原、湿地、荒漠、海洋、水流、耕地等重点领域和禁止开发区域、重点生态功能区等重要区域生态保护补偿全覆盖，补偿水平与经济社会发展状况相适应，跨地区、跨流域补偿试点示范取得明显进展，多元化补偿机制初步建立，基本建立符合中国国情的生态保护补偿制度体系，促进形成绿色生产方式和生活方式。

1998 年，广东省首先发布《广东省生态公益林建设管理和效益补偿办法》，此后各省（自治区、直辖市）相继出台生态补偿政策（图 3-5）。"十一五"以来，中国已有 22

个省份相继出台省域内或跨省流域生态保护补偿政策。国家积极推动跨省流域生态保护补偿，2010 年，新安江流域作为全国首个由国家推动的跨省流域水环境补偿试点正式启动，试点政策取得良好的环境效益和社会影响。2011 年，陕西与甘肃两省沿渭河六市一区在西安签订《渭河流域环境保护城市联盟框架协议》。2016 年 3 月，在环境保护部和财政部的推动下，广东省与福建省、广西壮族自治区分别签订汀江—韩江、九洲江上下游横向水环境补偿协议。2016 年 10 月，江西、广东两省人民政府签署《东江流域上下游横向生态补偿协议》。北京市安排专门资金，支持密云水库上游河北省张家口市、承德市实施"稻改旱"工程，在周边有关市（县）实施 6.67 万公顷水源林建设工程。天

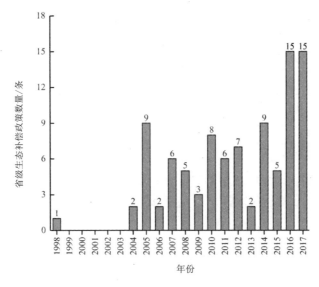

图 3-5　省级生态补偿政策数量

数据来源：中国相关部委网站

津市与河北省就《引滦入津流域水环境补偿协议》达成一致意见。

各省积极开展流域横向水生态补偿实践探索，形成了多种补偿模式。其中河北、山西、辽宁、江苏、浙江、福建、江西及广东率先实现省内全流域生态保护补偿，吉林、安徽、西藏正在审议相关政策文件。例如，浙江省在全省八大水系开展流域生态补偿试点，对水系源头所在市、县进行生态环保财力转移支付，成为全国第一个实施省内全流域生态补偿的省份。江西省安排专项资金，对"五河一湖"（赣江、抚河、信江、饶河、修河和鄱阳湖）及东江源头保护区进行生态补偿，补偿资金的 20% 按保护区面积分配，80% 按出境水质分配，出境水质劣于 II 类标准时取消该补偿资金。江苏省在太湖流域，湖北省在汉江流域，福建省在汀江、闽江流域分别开展流域生态补偿，断面水质超标时由上游给予下游补偿，断面水质指标值优于控制指标时由下游给予上游补偿。天津市安排专项资金用于引滦水源保护工程。

指标 2：国家及省级层面出台的生态环境损害赔偿制度的数量

2010 年，山东省首开海洋生态损害补偿赔偿制度先河，发布了《山东省海洋生态损

害赔偿费和损失补偿费管理暂行办法》。2015 年，中共中央办公厅、国务院办公厅印发了《生态环境损害赔偿制度改革试点方案》，在吉林、江苏、山东、湖南、重庆、贵州和云南 7 个省（直辖市）开展生态环境损害赔偿制度改革试点工作。2018 年，中共中央办公厅、国务院办公厅印发《生态环境损害赔偿制度改革方案》。方案提出，在全国试行生态环境损害赔偿制度。这一方案的出台，标志着生态环境损害赔偿制度改革已从先行试点进入全国试行的阶段。通过全国试行，不断提高生态环境损害赔偿和修复的效率，将有效破解"企业污染、群众受害、政府买单"的困局，有力保护生态环境和人民环境权益。方案提出，通过在全国范围内试行生态环境损害赔偿制度，进一步明确生态环境损害赔偿范围、责任主体、索赔主体、损害赔偿解决途径等，形成相应的鉴定评估管理和技术体系、资金保障和运行机制，逐步建立生态环境损害的修复和赔偿制度，加快推进生态文明建设。

此后，新疆维吾尔自治区制定了《自治区生态环境损害赔偿制度改革实施方案》，加快建立生态环境损害赔偿制度，维护人民群众环境权益。湖南省印发包括《湖南省生态环境损害调查办法（试行）》《湖南省生态环境损害修复监督管理办法（试行）》《湖南省生态环境损害赔偿磋商管理办法（试行）》《湖南省生态环境损害赔偿资金管理办法（试行）》在内的湖南省生态环境损害赔偿管理文件。2018 年 4 月，广东省成立生态环境损害赔偿制度改革工作领导小组。

指标 3：国家和省级生态保护资金投入

森林生态效益补偿面积及资金投入。2001 年，国家林业局会同财政部选择部分地区开展森林生态效益补偿基金试点，总投入 10 亿元人民币，共涉及 1 333 万公顷森林。2004 年在全国推广，补偿资金 20 亿元，补偿面积 2 667 万公顷。由试点到全国推行，补偿数额不断增加，补偿面积不断扩大。逐步完善公益林补偿制度，2013—2014 年公益林补偿范围已覆盖所有国家级公益林，中央财政累计安排 297 亿元，补偿面积达到 9 233 万公顷。2001—2016 年，财政部累计安排森林生态效益补偿资金 1 121 亿元。

草原生态保护补助奖励。2011 年，中央财政安排 136 亿元，在内蒙古、四川、云南、西藏、甘肃、青海、宁夏和新疆（含新疆生产建设兵团）8 个主要草原牧区省（自治区），全面建立草原生态保护补助奖励机制，实施禁牧补助、草畜平衡奖励、牧民生产资料综合补助、牧草和畜牧良种补贴，建立绩效考核和奖励制度等政策措施。2012 年，中央安排草原生态保护补助奖励 150 亿元，新增河北、山西、辽宁、吉林、黑龙江 5 省纳入补偿范围。2015 年，中央财政进一步加大投入力度，安排草原生态保护补助奖励 166.49 亿元，有效促进了牧区经济社会与生态环境协调发展，为草原生态环境恢复、草原畜牧业发展方式转变、农牧民收入增长发挥了重要作用。2016 年，草原生态保护补助奖励达 187.6 亿元，相比 2013 年上涨了 17.65%（图 3-6）。

湿地生态补偿。2010 年，国家启动湿地生态效益补偿试点，对 40 多个国际重要湿地、湿地类型保护区进行生态效益补偿。2014 年，财政部会同国家林业局印发《关于切实做好退耕还湿和湿地生态效益补偿试点等工作的通知》，同年，中央财政拓展湿地保护的财政支持政策，大规模增加湿地保护投入力度，全年安排湿地补贴资金 16 亿元，实施湿地

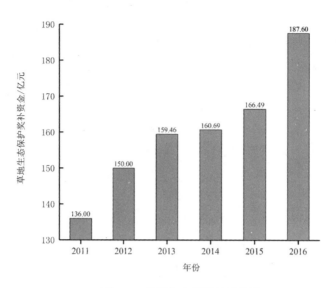

图 3-6　草原生态保护补助奖励

数据来源：《中国农业年鉴》

补贴项目 268 个。2016 年，中央财政通过林业补助资金拨付地方 16 亿元，支持湿地保护，其中用于实施退耕还湿和湿地生态效益补偿的资金有 5 亿元。

指标 4：国家重点生态功能区转移支付县数和投入

2009 年，财政部出台《国家重点生态功能区转移支付（试点）办法》，通过明显提高转移支付补助系数的方式，加大对青海三江源、南水北调中线及国家限制开发的其他生态功能重要区域共 451 个县的转移支付力度。截至 2017 年，享受转移支付的县市已达 819 个，累计转移支付资金达 627 亿元（图 3-7）。

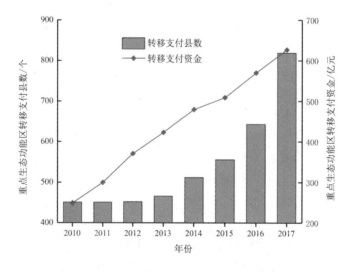

图 3-7　国家重点生态功能区转移支付县数和投入

数据来源：《中国生态环境状况公报》

（3）进展评估

该目标下的所有响应指标均呈增长趋势（图 3-8），表明该目标"正在实现"（表 3-4）。

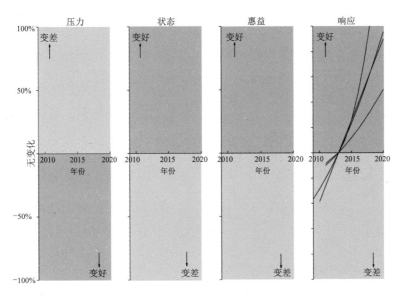

图 3-8 爱知目标 3 下相关指标的变化趋势

表 3-4 爱知生物多样性目标 3 进展评估的信息收集

项 目	内 容
评估完成日期	2018 年 6 月
评估本目标指标清单	国家及省级层面出台的生态补偿及相关政策的数量、国家及省级层面出台的生态环境损害赔偿制度的数量、国家和省级生态保护资金投入、国家重点生态功能区转移支付县数和投入
进展评估相关证据的信息	生态环境部、农业农村部等部委网站，《中国农业年鉴》和《中国环境公报》
评估的置信水平	基于全面证据
支撑评估的监测信息的充分性	充分
指标如何监测	生态环境部、农业农村部等相关部委的统计数据，年度更新 与监测系统相关的额外信息：暂无

目标 4

最迟到 2020 年，所有级别的政府、商业和利益相关方都已采取措施，实现或执行了可持续的生产和消费计划，并将利用自然资源造成的影响控制在安全的生态限值范围内。

（1）背景

把自然资源控制在安全的生态阈值范围内,是战略计划的核心之一。降低资源总需求、提高资源和能源的利用率,将有利于实现这一目标。这需要识别对生物多样性产生影响的部门和活动,定义保持自然资源安全的生态阈值,评价自然资源利用的影响,分析政府、商业和利益攸关方在自然资源生产和消费中的作用与影响,提出改进资源利用效率的政策和措施。只有减少或消除造成生物多样性丧失的驱动力和压力,才有可能降低或阻止生物多样性的丧失。选取"单位国内生产总值（GDP）污染物排放量"表征中国政府控制污染排放的努力,选取"单位 GDP 能耗""清洁能源占比"表征中国政府在提高资源利用效率的努力,选取"生态足迹"表征人类对自然生态系统的耗用和影响程度。

（2）现状与趋势

中国制定并印发了《大气污染防治行动计划》《水污染防治行动计划》《土壤污染防治行动计划》,持续开展大气、水和土壤污染防治行动。这方面的内容详见第二章 2.1 之（8）打好污染防治攻坚战。

指标 1：单位 GDP 污染物排放量

单位 GDP 污染物排放量可以反映新创造的单位经济价值的环境负荷的大小,也可以间接反映区域经济对环境的影响程度和污染治理能力。2000—2016 年,单位 GDP 污染物排放量大幅下降。2016 年,化学需氧量排放量为 0.001 4 吨 / 万元,比 2013 年下降 64.39%；二氧化硫排放量为 0.001 5 吨 / 万元,比 2013 年下降 53.8%；氨氮排放量为 0.000 2 吨 / 万元,比 2013 年下降 56.81%（图 3-9）。

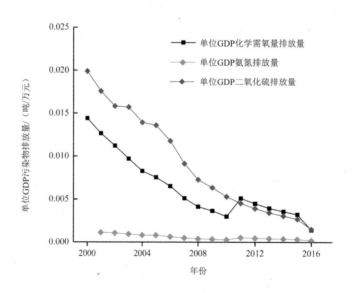

图 3-9　单位 GDP 污染物排放量

数据来源：国家统计局网站

指标 2：单位 GDP 能耗

单位 GDP 能耗，即能源消费总量与 GDP 的比率，是反映能源消费水平和节能降耗状况的主要指标。2011—2017 年，万元国内生产总值能耗累计降低 25.3%（图 3-10）。

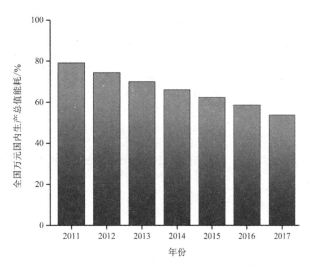

图 3-10　万元国内生产总值能耗

数据来源：国家统计局网站

指标 3：清洁能源占比

清洁能源是指其开发、使用对环境无污染的能源，包括核能和可再生能源。清洁能源占比的提升有效降低了对于传统能源的需求。2011—2017 年，中国清洁能源占比呈上升趋势，从 13.0% 上升到 2017 年的 20.8%，相比 2013 年上升 5.3 个百分点（图 3-11）。

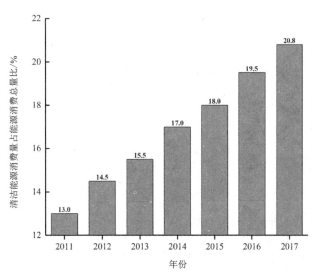

图 3-11　清洁能源占比

数据来源：《国民经济和社会发展统计公报》

指标 4：生态足迹

生态足迹是一个用来衡量人类对自然资源的需求与消耗的有效工具，它可将地区生物资源供需状况加以量化，从而强化各级政府的生态保护意识，为环境经济政策的制定和生产及消费模式的选择提供参考，为推进生态文明建设提供指导。2000—2014 年，中国生态足迹总量呈现出递增趋势，从 2000 年的 25.28 亿全球公顷增加到 51.96 亿全球公顷，年均增长率为 5.32%。六种土地类型的生态足迹在 2000—2014 年均呈逐年上升的趋势，生态足迹总量最高的土地类型是碳吸收用地（图 3-12）。

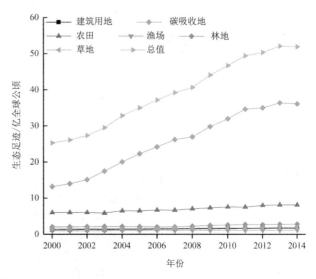

图 3-12 中国生态足迹总量

数据来源：全球足迹网络（https://www.footprintnetwork.org/）

（3）进展评估

单位 GDP 污染物排放量、单位 GDP 能耗总体呈下降趋势，同时中国清洁能源占比呈上升趋势，这表明该目标"正在实现"；但中国生态足迹总量呈现出递增趋势，这表明该目标的实现面临严峻形势（图 3-13、表 3-5）。

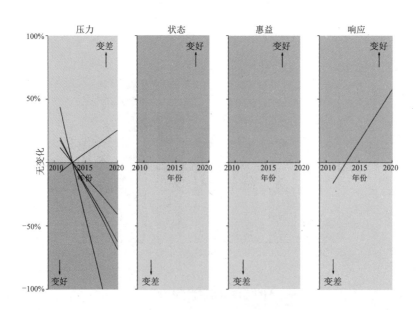

图 3-13 爱知目标 4 下相关指标的变化趋势

表 3-5 爱知生物多样性目标 4 进展评估的信息收集

项　目	内　容
评估完成日期	2018 年 6 月
评估本目标的指标清单	单位 GDP 污染物排放量、单位 GDP 能耗、清洁能源占比、生态足迹
进展评估相关证据的信息	《中国环境状况公报》和《国民经济和社会发展统计公报》、全球足迹网络
评估的置信水平	基于全面证据
支撑评估的监测信息的充分性	充分
指标如何监测	来自生态环境部的环境监测数据和国家统计局的统计数据，年度更新 与监测系统相关的额外信息：暂无

目标 5

到 2020 年，包括森林在内的所有自然生境的丧失速度至少降低一半，可能的话，降低至零；自然生境的退化和破碎化程度显著减少。

（1）背景

自然生境的消失和退化是生物多样性丧失的最重要的驱动因素，而降低生境丧失的速度对于《战略与行动计划》的实施具有重大意义。本报告评估森林、湿地、草原和荒漠等生境的分布状况和恢复程度。

（2）现状与趋势

中国加快推进造林绿化，天然林资源保护、退耕还林、防护林体系建设、湿地保护与恢复、防沙治沙、石漠化治理、野生动植物保护及自然保护区建设等一批重大林业生态保护与恢复工程稳步实施。自启动林业重点工程以来，全国森林资源持续增长。2013—2017 年，全国共完成造林 0.34 亿公顷，完成森林抚育 0.41 亿公顷，森林面积达 2.08 亿公顷，森林蓄积量达 151.37 亿立方米，成为同期全球森林资源增长最多的国家。加强沙漠化、石漠化土地治理，全面落实全国防沙治沙规划，2017 年全国完成沙化土地治理面积 221.3 万公顷，土地沙化趋势得到初步遏制。2017 年实施海域、海岛、海岸带整治修复项目 274 个，累计修复海岸带 6 500 多公顷、沙滩 1 200 多公顷、湿地 2 100 多公顷。海洋生态环境呈现出局部明显改善、整体趋稳向好的积极态势。

指标 1：活立木总蓄积量，指标 2：天然林面积，指标 3：森林生态系统净初级生产力

中国建立了森林资源定期清查制度，每 5 年完成一轮全国清查工作，掌握全国森林资源现状及其消长变化。中国已完成八次全国森林资源清查，2014 年启动了第九次全国森林资源清查。清查结果显示，中国的森林面积和天然林面积持续增长，第八次清查与第七次清查相比，森林面积增加了 1 223 万公顷，天然林面积增加了 215 万公顷（图 3-14）。根据第八次全国森林资源清查（2009—2013 年），全国活立木总蓄积 164.33 亿立方米，森林蓄积 151.37 亿立方米（图 3-15）。2000—2015 年，中国森林生态系统年均净初级生产力（NPP）水平在 2 143 ~ 2 274 克碳 / 米^2 范围内（图 3-16）。

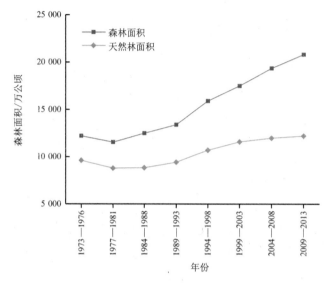

图 3-14　中国不同时期森林与天然林面积的变化

数据来源：《中国林业统计年鉴》

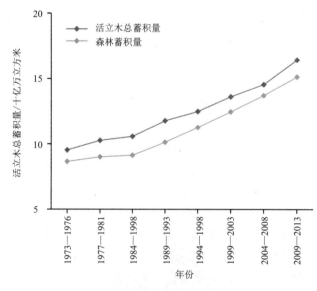

图 3-15　中国不同时期森林蓄积量的变化

数据来源：《中国林业统计年鉴》

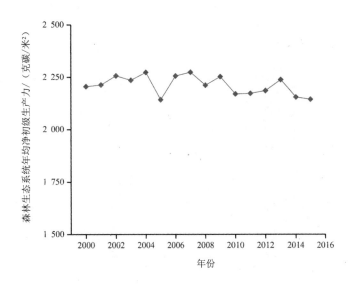

图 3-16　中国森林生态系统年均净初级生产力

数据来源：生态环境部卫星环境应用中心

指标 4：湿地生态系统面积

根据第二次全国湿地资源调查（2009—2013 年），全国湿地总面积 5 360.26 万公顷，湿地面积占国土面积的比率（即湿地率）为 5.58%，其中自然湿地面积 4 667.47 万公顷（约 7 亿亩），受保护的湿地面积增加 525.94 万公顷，达到 2 324.32 万公顷。与第一次调查（1995—2003 年）相比，湿地面积减少了 339.63 万公顷，减少率为 8.82%。湿地面积的减少主要受污染、过度捕捞和采集、围垦、外来物种入侵和基建占用等多种原因影响。为此，中国开展了大量卓有成效的工作，2016 年国务院印发了《湿地保护修复制度方案》，提出"实行湿地面积总量管控，到 2020 年，全国湿地面积不低于 8 亿亩（0.53 亿公顷），其中，自然湿地面积不低于 7 亿亩（0.47 亿公顷），新增湿地面积 20 万公顷，湿地保护率提高到 50% 以上"。"十二五"期间，中央累计安排投资 81.5 亿元，实施湿地保护修复工程和湿地补助项目达 1 500 多个，恢复湿地 23.33 万公顷。新增国际重要湿地 16 个，新建湿地自然保护区 25 个，新建国家湿地公园试点 606 个，湿地保护率由 43.51% 提高到 49.03%。国际重要湿地占全国湿地面积的比例由 4.46% 提高到 6.27%。

指标 5：草地生态系统面积

在环境保护部联合中国科学院共同开展全国生态环境十年变化（2000—2010 年）遥感调查与评估的基础上，中国开展了 2010—2015 年中国生态状况变化调查评估。遥感调查结果显示，2000—2015 年，中国草地生态系统面积减少约 927 万公顷，其中 2010—2015 年减少 790 万公顷，表明近 5 年（2010—2015 年）较前十年（2000—2010 年），草地的丧失速度增加（图 3-17）。

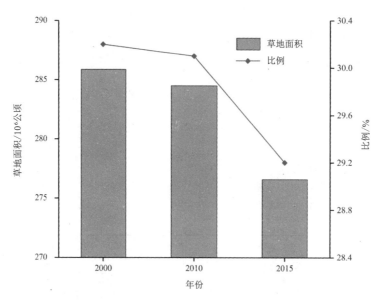

图 3-17　2000—2015 年中国草地生态系统面积及比例变化

数据来源：生态环境部卫星环境应用中心

指标 6：荒漠化和沙化土地面积

　　截至 2014 年，中国沙化土地面积为 17 212 万公顷，荒漠化土地面积为 26 116 万公顷，分别占国土面积的 17.93% 和 27.20%。与 2009 年相比，5 年间沙化土地面积净减少 99.02 万公顷，年均减少 19.80 万公顷；荒漠化土地面积净减少 121.07 万公顷，年均减少 24.24 万公顷。自 1999 年以来，中国荒漠化和沙化状况呈现整体遏制、持续缩减、功能增强、成效明显的良好态势，但防治形势依然严峻（图 3-18）。

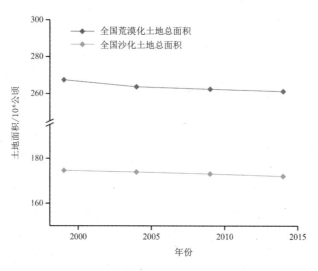

图 3-18　中国荒漠化与沙化土地面积及比例

数据来源：《中国荒漠化和沙化状况公报》

（3）进展评估

除森林生态系统净初级生产力有一定波动和草地丧失速度增加外，其他 4 个指标均表明中国已初步遏制自然生境（除草地外）的丧失。中国已成为世界上森林资源增长最多的国家；湿地生态系统面积增加，健康状况得到改善；土地沙化趋势得到初步遏制（图3-19）。这表明该目标"正在实现"，但生境退化问题仍然存在（表 3-6）。

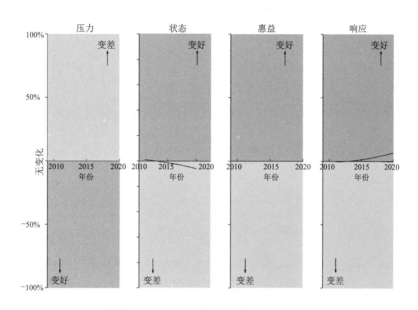

图 3-19　爱知目标 5 下相关指标的变化趋势

表 3-6　爱知生物多样性目标 5 进展评估的信息收集

项　目	内　容
评估完成日期	2018 年 6 月
评估本目标的指标清单	活立木总蓄积量、天然林面积、森林生态系统净初级生产力、湿地生态系统面积、草地生态系统面积、荒漠化和沙化土地面积
进展评估相关证据的信息	全国生态环境十年变化（2010—2015 年）遥感调查与评估、全国森林资源清查、全国湿地资源调查、全国草地资源清查；《中国林业统计年鉴》、《中国荒漠化和沙化状况公报》和湿地中国网
评估的置信水平	基于全面证据
支撑评估的监测信息的充分性	充分
指标如何监测	来自环保、林业和农业等部门的环境监测和统计数据，以及相关评估报告的数据 与监测系统相关的额外信息：无

目标 6

到2020年，以可持续和合法的方式管理和捕捞所有鱼群、无脊椎动物种群及水生植物，并采用基于生态系统的方式，避免过度捕捞，同时对所有枯竭物种制定恢复的计划和措施，使渔业对受威胁鱼群和脆弱的生态系统不产生有害影响，渔业对种群、物种和生态系统的影响在安全的生态限值范围内。

（1）背景

对鱼类及其他海洋和内陆水体生物的过度捕捞是水生生物多样性面临的巨大压力。不可持续的捕捞不仅危及海洋和内陆水体的生物多样性，而且威胁到依赖海洋和内陆水体渔业资源的数百万人的生计。选取"海洋营养指数"、"海洋生物多样性指数"、"鱼类红色名录指数"和"休渔面积占内陆水体或海域面积百分比"这4个指标，表征中国海洋和内陆水体生态系统的完整性和生物资源的可持续利用情况。

（2）现状与趋势

指标 1：海洋营养指数

中国海洋营养指数的变化能清晰地反映出捕捞渔业的发展对海洋生态系统的影响。1950—1969年，中国的海洋渔获量从0.85×10^6吨增加到3.02×10^6吨，捕捞对于海洋营养指数的影响并不明显，海洋营养指数为$3.40 \sim 3.45$，与同时期全球平均水平（$3.40 \sim 3.45$）相当。而由于过度捕捞，从20世纪70年代初到90年代末，中国的海洋营养指数每年以1.8%的速度持续下降。到90年代中期之后降到2.83左右，低于同时期全球平均水平（3.35）。2002—2008年，海洋营养指数为$2.77 \sim 2.81$，总的趋势是在波动中缓慢上升，从2002年的2.78上升到2008年的2.81，波动幅度较小。但是，从2009年开始，中国海洋营养指数又逐渐下降（图3-20），从2009年的2.80缓慢下降至2016年的2.77，总捕捞量的快速增加以及低营养级软体动物渔获量的大幅度增

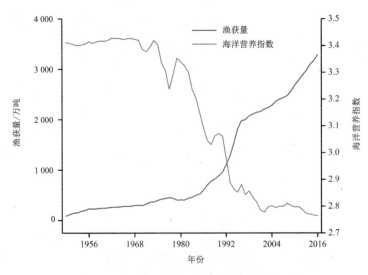

图3-20　中国海域不同年份的渔获量和海洋营养指数

数据来源：联合国粮食及农业组织（FAO）官网

加，导致海洋营养指数下降。

海洋鱼类、甲壳动物、软体动物以及两栖动物对中国海洋营养指数的贡献不同。海洋鱼类对海洋营养指数的贡献最大，达 48.48% ～ 81.23%，尤其是 1982 年前，一直保持在 75% 以上；软体动物次之，为 7.26% ～ 36.66%；甲壳动物第三，为 8.68% ～ 14.59%（图 3-21）。

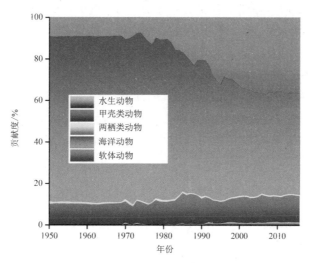

图 3-21 各生物类群对海洋营养指数的贡献率

数据来源：联合国粮食及农业组织（FAO）官网

指标 2：海洋生物多样性指数

夏季对中国沿海 15 个典型海洋生态系统和关键生态区域进行海洋生物多样性与生态状况监测，监测内容包括浮游生物、底栖生物、海草、红树植物、珊瑚等生物的种类组成和数量，用 Shannon-Wiener 多样性指数计算浮游生物和大型底栖动物的生物多样性指数（图 3-22）。2016 年浮游植物、浮游动物及大型底栖动物的多样性指数分别是 2.07、1.98 和 2.46，与 2013 年相比较，分别上升了 11.1%、10.7% 和 4.8%，

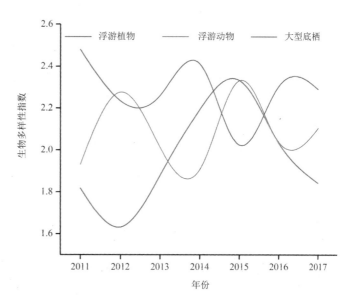

图 3-22 不同年份海洋生物多样性指数

数据来源：《全国海洋生态环境状况公报》

显示出生物多样性水平改善的趋势，但年度生物多样性指数呈现波动性变化。

指标 3：鱼类红色名录指数

红色名录指数（RLI）指受威胁物种在濒危等级、种群数量等方面的变化，表示特定生物类群濒危等级的总体变化。一般通过均值法（equal-steps method, ES）和灭绝风险法（extinction risk method，ER）估算，当 RLI 为 0 时表示所有物种都灭绝；RLI 为 1 时表示所有物种都不受威胁，不需要保护。中国分别于 2009 年和 2015 年开展了内陆水域鱼类红色名录评估，两次评估的鱼类共有 136 个物种。结果显示，2009—2015 年中国内陆水域鱼类的 RLI 下降，表明鱼类的受威胁程度在加剧。

指标 4：休渔面积占内陆水体或海域面积的百分比

中国实施了休渔和禁渔制度［详见第二章 2.1 之（5）的相关内容］。自 1995 年实施海洋伏季休渔制度以来，至 2018 年，该制度实施范围已占中国海域面积的 72.64%；中国已在长江、黄河、珠江和淮河四大内陆水域实施禁渔制度，2018 年该四大流域实施范围达 100%（图 3-23）。

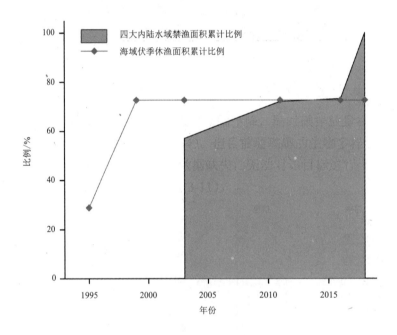

图 3-23　中国海域休渔面积百分比和四大内陆水域禁渔面积百分比

（3）进展评估

尽管实施了休渔和禁渔制度等积极响应措施，但大多海洋生物多样性状态指标呈现恶化的趋势（图 3-24）。这表明该目标的实施虽"取得一定进展但速度缓慢"（表 3-7）。

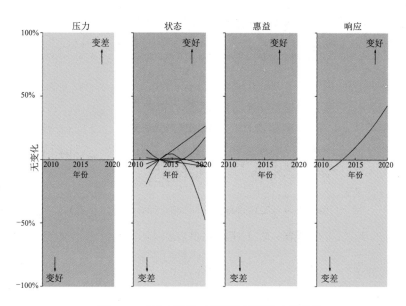

图 3-24 爱知目标 6 下相关指标的变化趋势

表 3-7 爱知生物多样性目标 6 进展评估的信息收集

项 目	内 容
评估完成日期	2018 年 6 月
评估本目标的指标清单	海洋营养指数、鱼类红色名录指数、海洋生物多样性指数和休渔面积占内陆水体或海域面积的百分比
进展评估相关证据的信息	联合国粮食及农业组织官网、《全国海洋生态环境状况公报》和《中国生物多样性红色名录——脊椎动物卷》
评估的置信水平	基于全面证据
支撑评估的监测信息的充分性	充分
指标如何监测	农业农村部的统计数据，科学评估数据 与监测系统相关的额外信息：相关网站和文件

目标 7

到 2020 年，农业、水产养殖业及林业用地实现可持续管理，确保生物多样性得到保护。

（1）背景

生物多样性对农林和水产养殖业的可持续发展具有重要意义，同时生产系统本身及其管理方式对生物多样性会产生直接的影响。中国已制定并实施了很多森林和农业可持续管理的标准，各级政府、非政府组织也在大力推广良好的农林和水产养殖业操作规范。

有机农业的核心是建立和恢复农业生态系统的生物多样性和良性循环，增强农业生态系统的健康，促进农业的可持续发展。国家级公益林是指生态区位极为重要或生态状况极为脆弱，对国土生态安全、生物多样性保护和经济社会可持续发展具有重要作用，以发挥森林生态和社会服务功能为主要经营目的的防护林和特种用途林。开展和完善国家生态公益林保护工程，能够调整森林资源的保护和经营管理方向，促进生态环境的改善和资源利用率的提高。因此，选取有机农业面积和国家级公益林面积两个指标表征农业、森林可持续管理水平。同时，由于草原是中国陆地面积最大的生态系统，是最重要的自然资源之一，也是牧区牧民最基础的生产生活资料，天然草原鲜草的产草量和载畜能力关乎草原的生态安全、畜牧业安全和经济安全。因此，选取天然草原鲜草总产量和牲畜超载率两个指标表征畜牧养殖业可持续管理水平。

（2）现状与趋势

指标 1：有机农业用地面积占农业用地面积百分比

中国于 2002 年 11 月 1 日颁布实施《认证认可条例》，此后不断完善有机产品的相关法律规范。目前，中国有机农业发展迅速，大豆、蔬菜、茶叶、杂粮等出口美国、欧盟、日本、韩国等国家和地区，并且出口额呈逐年增加的趋势。中国有机农业用地面积由 2000 年的 4 000 公顷增加到 2016 年的 228.12 万公顷，16 年间增加了 227.72 万公顷，其中 2013—2016 年有机农业用地面积增加 18.72 万公顷，增长比例为 8.94%。但有机农业用地面积占农业用地面积百分比仍较低（图 3-25）。

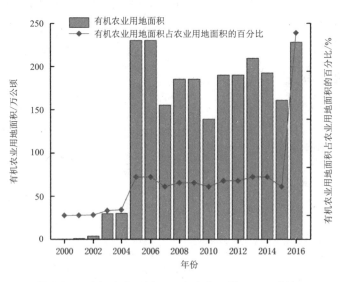

图 3-25　有机农业用地面积占农业用地面积百分比

数据来源：《世界有机农业统计年鉴》

指标 2：国家级公益林面积

国家林业局高度重视生态公益林的保护和建设。2009 年，国家林业局会同财政部对

《重点公益林区划界定办法》进行修订，形成《国家级公益林区划界定办法》。2013 年，国家林业局、财政部制定《国家级公益林管理办法》。2017 年，针对新时期国家级公益林区划界定和保护管理中出现的新情况和新问题，国家林业局、财政部对《国家级公益林管理办法》和《国家级公益林区划界定办法》进行了修订，进一步规范和加强国家级公益林区划界定和保护管理工作。2011—2016 年，国家级公益林面积总体呈增加趋势，由 2011 年的 1 950.44 万公顷增加到 2016 年的 2 062.89 万公顷，5 年间增加了 112.45 万公顷。其中 2013—2016 年国家级公益林面积增加 16.92 万公顷，增长比例为 0.83%（图 3-26）。

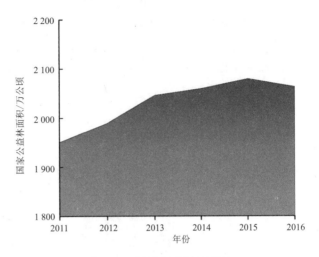

图 3-26　国家级公益林面积

数据来源：《中国林业统计年鉴》

指标 3：天然草原鲜草总产量

中国不断加强草原生态系统的保护和恢复。2017 年，全国草原综合植被盖度达 55.3%，天然草原鲜草总产量达 10.7 亿吨，连续 7 年稳定在 10 亿吨以上。草原保护重大工程区草原植被盖度比非工程区高出 15 个百分点，单位面积鲜草产量高出 85%。2005—2017 年，全国草原鲜草总产量基本呈不断增加的趋势，草原植被状况明显改善（图 3-27）。

指标 4：天然草原牲畜超载率

"十二五"以来，国家对草原工作做出了一系列重大部署，连续出台促进草原牧区发展的重大政策。2011 年，国务院印发

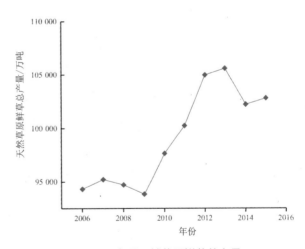

图 3-27　中国天然草原鲜草总产量

数据来源：《全国草原监测报告》

《关于促进牧区又好又快发展的若干意见》，指出"有步骤地推行草原禁牧休牧轮牧制度，减少天然草原超载牲畜数量，实现草畜平衡"。2015 年出台《中共中央 国务院关于加快推进生态文明建设的意见》，提出"到 2020 年，全国草原综合植被覆盖度达到 56%"。2016 年，农业部、财政部共同制定《新一轮草原生态保护补助奖励政策实施指导意见

（2016—2020 年）》，要求"对禁牧区域以外的草原根据承载能力核定合理载畜量，实施草畜平衡管理"。农业部出台《全国草原保护建设利用"十三五"规划》。随着草原改革工作全面推进、各项强草惠牧政策措施不断完善，草原生态功能得以持续增强。

全国和六大牧区天然草原牲畜超载率呈持续降低趋势，其中，2010 年全国天然草原牲畜超载率为 30.00%，2016 年为 12.4%，年均减少 2.51 个百分点；2016 年相较 2013 年，全国天然草原牲畜超载率降低 4.4 个百分点（图 3-28）。

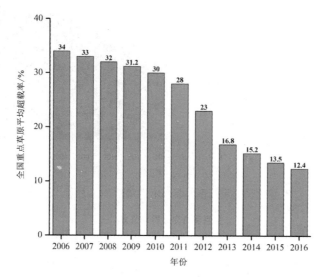

图 3-28　天然草原牲畜超载率

数据来源：《全国草原监测报告》

（3）进展评估

本目标下的状态和响应指标均呈现改善趋势（图 3-29），这表明该目标"正在实现"（表 3-8）。

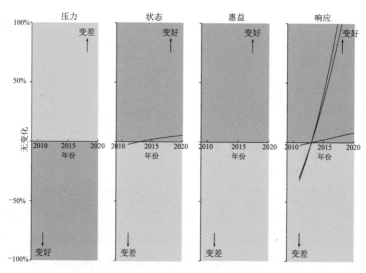

图 3-29　爱知目标 7 下相关指标的变化趋势

表 3-8 爱知生物多样性目标 7 进展评估的信息收集

项 目	内 容
评估完成日期	2018 年 6 月
评估本目标的指标清单	有机农业用地面积占农业用地面积百分比、国家级公益林面积、天然草原鲜草总产量、天然草原牲畜超载率
进展评估相关证据的信息	农业农村部、国家林业和草原局等相关部委的网站、《全国草原监测报告》、《中国林业统计年鉴》和《世界有机农业年鉴》
评估的置信水平	基于部分证据
支撑评估的监测信息的充分性	部分充分（涵盖农业、林业用地可持续管理）
指标如何监测	有机农业用地面积占农业用地面积百分比：通过瑞士有机农业研究所 (FiBL) 的《世界有机农业年鉴》获取，每年更新一次；国家级公益林面积：从《中国林业统计年鉴》获得，每年更新一次；天然草原牲畜超载率：通过《全国草原监测报告》获取，每年更新一次
	与监测系统相关的额外信息：无

目标 8

到 2020 年，污染，包括营养物过剩造成的污染被控制在不对生态系统功能和生物多样性构成危害的范围内。

（1）背景

污染是生物多样性丧失和生态系统功能失调的主要原因之一。从主要污染物排放量、城市集中式饮用水水源地水质达标率、烟气脱硫机组装机容量及其占全部火电机组容量的比例、农作物秸秆综合利用率、处理农业废物工程年产量、处理农业废物工程总池容、生活污水净化沼气池村级处理系统总池容、氮盈余等方面全面评估污染状况和减排情况。

（2）现状与趋势

中国先后制定并颁布了《大气污染防治行动计划》《水污染防治行动计划》《土壤污染防治行动计划》，持续开展大气、水和土壤污染防治行动。这方面的内容详见第二章 2.1 之（8）。

指标 1：主要污染物排放总量
废水排放量、化学需氧量排放量、工业废水中化学需氧量排放量、废水中氨氮排放量
2000 年以来废水排放量呈上升趋势，2010 年以来化学需氧量和氨氮排放量呈逐年下降趋势。2015 年，工业废水中化学需氧量排放量为 293.5 万吨，比 2013 年下降 8.13%。

2016 年，废水排放总量达 711.1 亿吨，比 2013 年上升 2.3%；化学需氧量排放总量为 1 046.53 万吨，比 2013 年下降 55.52%；氨氮排放总量为 141.78 万吨，比 2013 年下降 42.29%（图 3-30）。

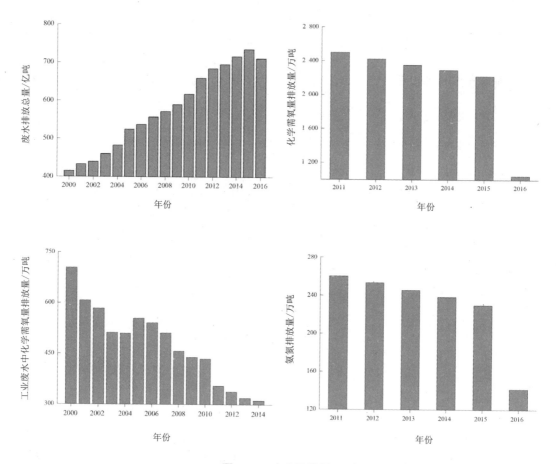

图 3-30　废水排放量

数据来源：《中国生态环境状况公报》

废气中烟（粉）尘排放量

2011—2016 年，废气烟（粉）尘排放量、二氧化硫排放量和氮氧化物排放量总体呈明显下降趋势。2016 年，废气烟（粉）尘排放量为 1 010.66 万吨，比 2013 年下降 20.93%；二氧化硫和氮氧化物排放量分别为 1 102.86 万吨和 1 394.31 万吨，相较 2013 年分别下降 46.04% 和 37.40%（图 3-31）。

工业固体废物排放量

2011—2016 年，工业固体废物排放量呈下降趋势。2016 年，全国工业固体废物排放量为 309 210 万吨，相比 2013 年下降 5.64%；综合利用量（含利用往年贮存量）为 184 096 万吨，相比 2013 年下降 10.6%；综合利用率为 59.54%，相比 2013 年下降 5.3%（图 3-32）。

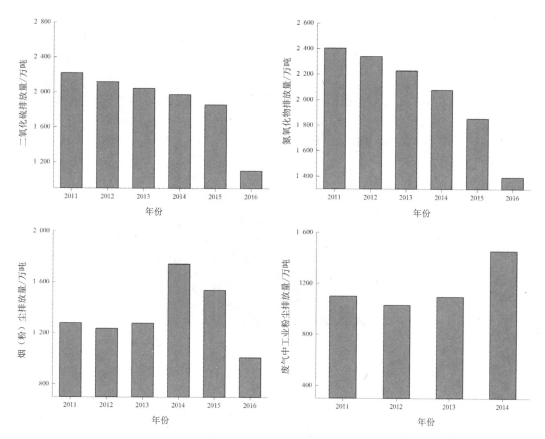

图 3-31 废气排放量

数据来源:《中国生态环境状况公报》

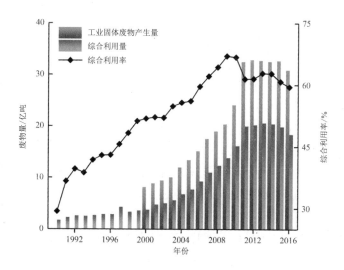

图 3-32 工业固体废物排放量

数据来源:《中国生态环境状况公报》

指标 2：烟气脱硫机组装机容量及其占全部火电机组容量的比例

火电厂是中国氮氧化物排放的第一大户，占全国氮氧化物排放总量的 30% ～ 40%。2005 年年底，全国投入运行的烟气脱硫机组约 5 000 万千瓦，只占煤电机组容量的 14.30%。截至 2016 年年底，全国已投运火电厂烟气脱硫机组容量约 8.8 亿千瓦，占全国火电机组容量的 83.81%，占全国煤电机组容量的 93.6%，相比 2013 年上升了 2.2%（图 3-33）。

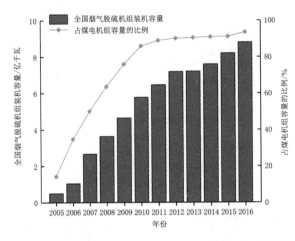

图 3-33　烟气脱硫机组装机容量及其占全部火电机组容量的比例

数据来源：《中国火电行业研究报告》

指标 3：农作物秸秆综合利用率

中国是农业大国，农作物秸秆产量大、分布广、种类多。加快推进秸秆综合利用，对于稳定农业生态平衡、减轻环境压力都具有十分重要的意义。在相关部门和各地区的共同努力下，秸秆综合利用得到较快发展。2016 年，秸秆综合利用率由 2008 年的 68.7% 提升到 81.6%，相比 2008 年上升了 12.9 个百分点。

指标 4：处理农业废弃物工程年产量、总池容

农业废弃物综合利用工程，立足循环农业，开展畜禽粪污的沼气工程建设，提高化肥和畜禽粪便的使用效率，促进农村能源发展和环境保护。2000—2016 年，处理农业废弃物工程年产量快速增长，由 3 947.06 万立方米上升到 242 755.66 万立方米，相比 2013 年则上升了 32.17%；2016 年，处理农业废弃物工程总池容快速增长，总池容由 20.83 万立方米上升到 1 946 万立方米，相比 2013 年上升了 29.22%（图 3-34）。

指标 5：生活污水净化沼气池村级处理系统总池容

农村生活污水是河道湖泊的主要污染源之一。建设生活污水净化沼气池村级处理系统，进行污水处理迫在眉睫。生活污水净化沼气池村级处理系统总池容快速增长，由 2009 年的 92.34 万立方米提升到 2016 年的 275.41 万立方米，相比 2013 年上升了 16.02%（图 3-34）。

指标 6：城市集中式饮用水水源地水质达标率

饮用水水源地关系人民群众的饮水安全。很多水源地内存在工业企业、交通码头或

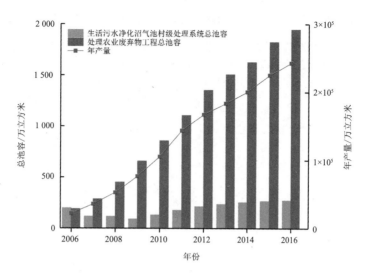

图 3-34　处理农业废弃物工程总池容及年产量、生活污水净化沼气池村级处理系统总池容

数据来源：《中国农业统计资料》

排污口，甚至一些企业、码头和取水口多年共存，风险隐患突出。环境保护部 2016—2017 年组织开展了长江经济带地级及以上城市饮用水水源地环境问题的排查整治。截至 2017 年年底，排查发现的 490 个问题全部完成整治。2018 年，生态环境部和水利部联合部署在全国开展集中式饮用水水源地环境保护专项行动，共涉及地表水水源地 2 466 个。2003—2016 年，城市集中式饮用水水源地水质达标率从 46.81% 上升到 90.4%（图 3-35）。

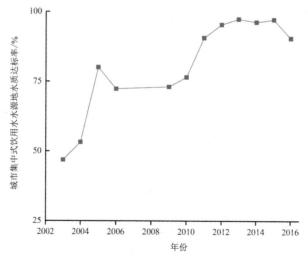

图 3-35　城市集中式饮用水水源地水质达标率

数据来源：《中国环境状况公报》

指标 7：地表水水质优良（Ⅰ～Ⅲ类）水体比例

2011—2015 年，全国用于大江大河流域综合治理的中央水利投资达 2 800 多亿元，

全国新治理河长 1.1 万千米、新增供水能力 380 亿立方米，172 项节水供水重大水利工程进展顺利。加大水污染治理力度，全国地表水水质监测数据显示，地表水水质优良（Ⅰ～Ⅲ类）水体比例由 2013 年的 71% 增加到 2018 年 4 月的 82.14%，增加 11.14 个百分点，劣Ⅴ类水体比例下降到 8.3%，大江大河干流水质稳步改善，水环境恢复及水质改善效果良好（图 3-36）。

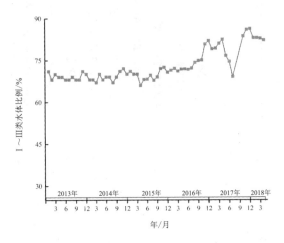

图 3-36　地表水水质优良（Ⅰ～Ⅲ类）水体比例

数据来源：《地表水水质月报》

指标 8：氮盈余

化肥是中国氮投入最主要的来源，占氮投入的 52.5%，化肥的过度施用是导致土壤氮盈余、威胁地表水和地下水环境的主要原因；其次为畜禽粪便，占氮总投入的 27.7%。

由于农业生产方式的变化、化肥的大量施用和畜禽生产的日益集约化，大大降低了畜禽粪便还田率，加剧了畜禽粪便对水体的直接污染。在这一背景下，2015 年农业部制定了《到 2020 年化肥使用量零增长行动方案》和《到 2020 年农药使用量零增长行动方案》，旨在大力推进化肥减量提效、农药减量控害，积极探索一条高产高效、优质环保、可持续发展之路，促进粮食增产、农业生态环境安全。通过氮平衡模型（陈敏鹏和陈吉宁，2007）估算，2006 年全国氮盈余为 2 178 万吨，通过节能减排和污染

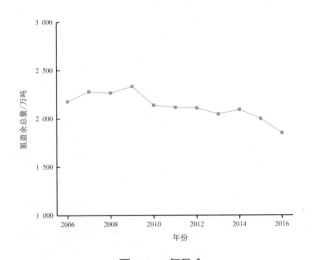

图 3-37　氮盈余

数据来源：科学评估数据

治理，2016 年下降为 1 851 万吨；相比 2013 年下降了 9.53%（图 3-37）。

（3）进展评估

虽然废水排放量和废气中工业粉尘排放量呈上升趋势，但其他污染物排放（压力）指标呈下降趋势；同时状态指标［地表水水质优良（Ⅰ～Ⅲ类）水体比例］和响应指标（污染控制和资源综合利用）均呈上升趋势（图 3-38）。这表明该目标"正在实现"（表 3-9）。

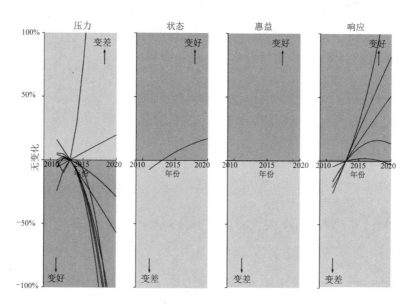

图 3-38　爱知目标 8 下相关指标的变化趋势

表 3-9　爱知生物多样性目标 8 进展评估的信息收集

项　目	内　容
评估完成日期	2018 年 6 月
评估本目标的指标清单	主要污染物排放量、烟气脱硫机组装机容量及其占全部火电机组容量的比例、农作物秸秆综合利用率、处理农业废物工程年产量、处理农业废物工程总池容、生活污水净化沼气池村级处理系统总池容、城市集中式饮用水水源地水质达标率、地表水水质优良（Ⅰ～Ⅲ类）水体比例、氮盈余
进展评估相关证据的信息	《中国环境统计年报》《中国环境状况公报》《中国农业年鉴》《中国农业统计资料》《中国火电行业研究报告》《地表水水质月报》
评估的置信水平	基于全面证据
支撑评估的监测信息的充分性	充分
指标如何监测	相关部委的统计数据，科学评估数据
	与监测系统相关的额外信息：暂无

目标 9

到 2020 年，查明外来入侵物种及其入侵路径并确定其优先次序，优先物种得到控制或根除，并制定措施对入侵路径加以管理，以防止外来入侵物种的引进和种群建立。

（1）背景

外来物种（Alien Species）是指那些出现在其过去或现在的自然分布范围及扩散潜力以外的物种、亚种或以下的分类单元，包括其所有可能存活继而繁殖的部分、配子或繁殖体。外来入侵物种（Invasive Alien Species）是指在当地的自然或半自然生态系统中形成了自我再生能力，可能或已经对生态环境、人类生产或生活造成明显损害或不利影响的外来物种。从每 10 年新发现的外来入侵物种种数、口岸截获有害生物的批次和种数以及发布的外来入侵物种风险评估标准的数量等方面，评估本目标的完成情况。

（2）现状与趋势

2003 年，中国完成首次全国外来入侵物种调查，查明 283 种外来入侵物种。2008—2010 年开展第二次调查，查明中国有外来入侵种 488 种。2017 年，查明中国外来入侵物种达到 560 余种。

2011 年，环境保护部颁布《外来物种环境风险评估技术导则》（HJ 624—2011），规范外来物种环境风险评估。为加强外来入侵物种的监督管理，环境保护部印发《关于做好自然生态系统外来入侵物种防控监督管理有关工作的通知》（环发〔2015〕59 号），公布了四批外来入侵物种名单，指导各地开展外来入侵物种防控工作，保障生物安全。

中国在典型外来入侵物种防控技术方面不断突破，在局部地区达到成功防控效果。中国科学院等研究提出"捕、诱、毒、饿、治"综合治理策略和措施，有效控制了世界著名毁灭性害虫马铃薯甲虫，确保了 20 多年来疫情被控制在新疆、黑龙江和吉林的局部区域；及时发现新入侵棉花害虫扶桑棉粉蚧疫情，提出监测、防控和预警技术，在中国最大棉区新疆得以根除；研究创制以信息素为核心的红脂大小蠹监测、检疫、防控综合技术体系，制定了 2 个生产技术标准，在山西建立了规模化生产车间，累计生产缓释载体 63 万个、诱捕器 18 余万套，在中国红脂大小蠹发生区推广应用。华南红火蚁研究中心研制红火蚁防控药剂产品 33 个，并在广州天河区、福建新罗区成功灭除红火蚁。复旦大学、华东师范大学研究人员研发互花米草"刈割 + 水淹"综合物理防控技术，成功遏制上海崇明东滩自然保护区内互花米草扩散蔓延，并结合生境修复恢复候鸟栖息地。中山大学研发无瓣海桑替代控制互花米草，在广东淇澳岛逐渐抑制互花米草生长。广西植物研究所研发本土物种替代修复飞机草、紫茎泽兰促进广西隆林植被修复。同时，中国非常重视与其他国家的联防联控，为联合防控红火蚁入侵，多次与日本、韩国交流，并介绍中国成功经验。

指标 1：每 10 年新发现的外来入侵物种种数

对有明确记载的 557 种外来物种的入侵年代分析表明：1890 年前，仅出现 42 种外来入侵物种；从 1890 年起，新出现的外来入侵物种种数呈逐步上升的趋势；20 世纪 80 年代，新出现外来入侵物种最多，多达 81 种；1950 年后的 60 年间，新出现了 311 种外来入侵物种，占外来入侵物种种数的 46.63%（图 3-39）。

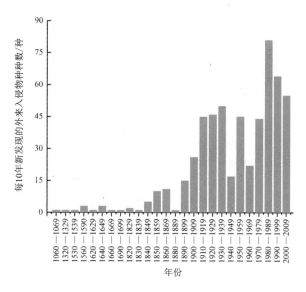

图 3-39　每 10 年新发现的外来入侵物种种数

数据来源：《中国外来入侵生物》（修订版）

指标 2：口岸截获有害生物的种数和批次

全国各口岸截获有害生物的种数和批次逐年增加，从 1999 年的 229 种增加到 2016 年的 6 305 种，从 1999 年的 0.25 万批次增加到 2016 年的 122 万批次；相较 2013 年，种数增加 33.50%，批次增加 100.79%（图 3-40）。

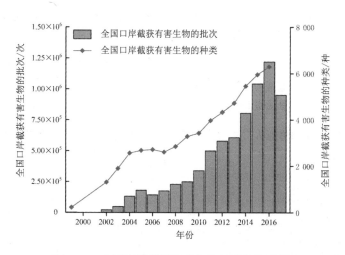

图 3-40　全国口岸截获有害生物的批次和种类

数据来源：质检总局门户网站

指标 3：发布的外来入侵物种风险评估标准的数量

2008—2017 年，累计颁布 65 项外来入侵物种防治行业标准，其中农业部是主要牵头单位，共发布 37 项标准，占比 56.92%（图 3-41）。此外，农业部还发布了 40 项农业重大外来入侵物种应急防控技术指南，进一步健全了农业生物多样性保护的法规体系，初步构建了农业外来物种风险评估技术体系。

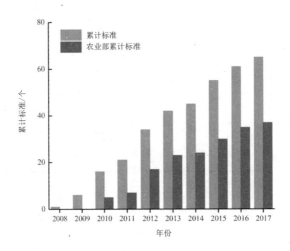

图 3-41　外来入侵物种风险评估标准历年累积量

数据来源：农业部、国家林业局、质检总局门户网站

（3）进展评估

尽管响应指标增长，但两个压力指标均呈现继续恶化的趋势（图 3-42），这表明该目标"取得一定进展但速度缓慢"（表 3-10）。

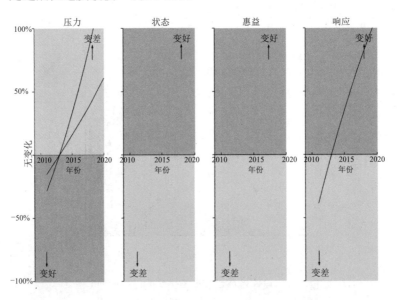

图 3-42　爱知目标 9 下相关指标的变化趋势

表 3-10　爱知生物多样性目标 9 进展评估的信息收集

项　目	内　容
评估完成日期	2018 年 6 月
评估本目标的指标清单	每 10 年新发现的外来入侵物种种数、口岸截获有害生物的种数和批次、发布的外来入侵物种风险评估标准的数量
进展评估相关证据的信息	《中国外来入侵生物》（修订版）；生态环境部、农业农村部等部委网站
评估的置信水平	基于全面证据
支撑评估的监测信息的充分性	充分
指标如何监测	由相关部委网站和科学评估获取数据，定期更新
	与监测系统相关的额外信息：暂无

目标 10

到 2015 年，尽可能减少由气候变化或海洋酸化对珊瑚礁和其他脆弱生态系统的多重人为压力，维护它们的完整性和功能。

（1）背景

本目标关注气候变化和海洋酸化对珊瑚礁和其他脆弱生态系统的影响。由于中国对珊瑚礁、红树林、北方农牧交错区、南方红壤丘陵山地区、西南岩溶山地区等脆弱生态系统缺乏有效的监测指标，本报告仅选取单位 GDP 碳排放量，间接表征人类活动对珊瑚礁和其他脆弱生态系统的影响。

（2）现状与趋势

在《联合国气候变化框架公约》下达成的《巴黎协定》于 2016 年 11 月正式生效。中国确定了应对气候变化的自主行动目标：到 2030 年前后碳排放达到峰值且将努力早日达峰；单位国内生产总值碳排放强度比 2005 年下降 60% ～ 65%；非化石能源占一次能源消费比重达到 20% 左右，森林蓄积量比 2005 年增加 45 亿立方米左右。中国在应对全球气候变化问题上向国际社会做出了庄重承诺。

中国政府认真落实气候变化领域南南合作政策承诺，于 2015 年 9 月设立了中国气候变化南南合作基金，用于推进清洁能源、防灾减灾、生态保护、气候适应型农业、低碳智慧型城市建设等国际合作，并帮助发展中国家提高融资能力。

中国一直积极鼓励在可再生能源和节能措施上的投资，作为世界最大的碳排放国，中国在太阳能、风能以及水电等清洁能源的开发中投入大量资金，同时也持续降低对煤炭的依赖度。

中国的碳排放量在 2014 年下降，是 2001 年以来首次同比下降。中国单位 GDP 碳排放量则逐年下降，从 2007 年的 2.60 吨/万元下降到 2017 年的 1.30 吨/万元，年平均下降 0.13 吨/万元。与 2013 年相比，2017 年单位 GDP 碳排放量下降 24.42%（图 3-43）。

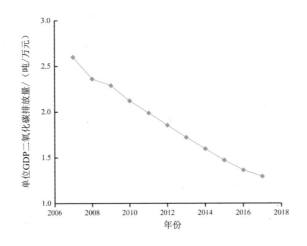

图 3-43　中国单位 GDP 碳排放量

数据来源：国家发改委网站

（3）进展评估

2007 年以来，中国单位 GDP 碳排放量大幅下降，同时碳排放量在 2014 年首次出现下降，说明该目标取得一定进展（图 3-44）。但目前珊瑚礁的生物多样性、海洋酸化、气候变化对生物多样性影响等监测指标的数据缺失，无法对该目标进行全面评估。总体上，该目标"取得一定进展但速度缓慢"（表 3-11）。

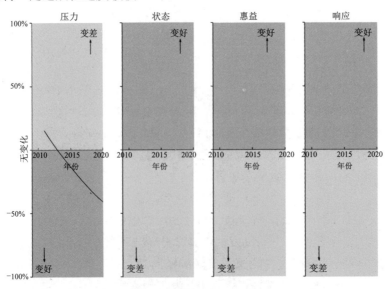

图 3-44　爱知目标 10 下相关指标的变化趋势

表 3-11　爱知生物多样性目标 10 进展评估的信息收集

项　目	内　容
评估完成日期	2018 年 6 月
评估本目标的指标清单	单位 GDP 碳排放量
进展评估相关证据的信息	国家发改委网站
评估的置信水平	基于部分证据
支撑评估的监测信息的充分性	部分充分
指标如何监测	国家发改委网站的统计数据，每年更新 与监测系统相关的额外信息：暂无

目标 11

到 2020 年，至少有 17% 的陆地和内陆水域以及 10% 的沿海和海洋区域，尤其是对于生物多样性和生态系统服务具有特殊重要性的区域，通过有效而公平管理的、生态上有代表性和连通性好的保护区系统和其他基于区域的有效保护措施得到保护，并被纳入更广泛的陆地景观和海洋景观。

（1）背景

建立自然保护区是生物多样性保护最有效的途径。扩大保护区网络和实施其他有效的区域性保护措施，并通过对自然保护区的建设和有效管理，使生物多样性得到切实保护。中国已建立以自然保护区为主体（约占所有自然保护地面积的 83%），风景名胜区、森林公园、农业野生植物原生境保护点、湿地公园、地质公园、海洋特别保护区、水产种质资源保护区等组成的自然保护地体系。2017 年 9 月，中共中央办公厅、国务院办公厅印发了《建立国家公园体制总体方案》，积极推进大熊猫国家公园、东北虎豹国家公园和祁连山国家公园等 10 个国家公园体制试点工作，为生物多样性就地保护事业的发展带来了新的机遇。以陆地和海洋各类保护地的数量和面积为指标评估该目标实施进展。

（2）现状和趋势

指标 1：自然保护区数量和面积

截至 2017 年年底，全国已建立 2 750 处自然保护区，总面积 14 717 万公顷，占陆域国土面积的 14.86%，已超过世界同期平均水平，其中国家级自然保护区 463 个，面积 9 745.16 万公顷，分别占全国自然保护区总数和面积的 16.84% 和 66.22%。超过 90% 的陆地自然生态系统类型、89% 的国家重点保护野生动植物种类在自然保护区中得到保护。基本形成类型比较齐全、布局基本合理、功能相对完善的自然保护区体系。2010—2017 年，国家级自然保护区增长迅速，从 2010 年的 319 个增长到 2017 年的 463 个（图 3-45）。

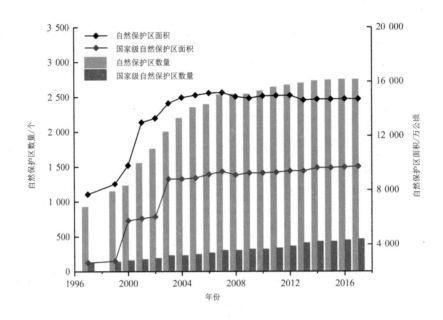

图 3-45　自然保护区的数量和面积

数据来源：《中国生态环境状况公报》

指标 2：陆地生物多样性优先保护区内自然保护区的面积比例

2010 年国务院常务会议批准发布了《战略与行动计划》，在综合考虑生态系统代表性、特有程度、特殊生态功能以及物种丰富度、珍稀濒危程度、受威胁因素、地区代表性、经济用途、科学研究价值、分布数据的可获得性等因素的基础上，在全国划定了 35 个生物多样性保护优先区域，包括 32 个陆地和内陆水域生物多样性保护优先区域以及 3 个海洋及海岸生物多样性保护优先区域。其中，陆地和内陆水域优先区域涉及 27 个省（自治区、直辖市）的 904 个县级行政区，总面积 27 626 万公顷，约占中国陆地国土面积的 28.78%。陆地和内陆水域生物多样性保护优先区域内自然保护区的面积比例持续增长，由 2000 年的 37.07% 增加到 2016 年的 43.69%（图 3-46）。

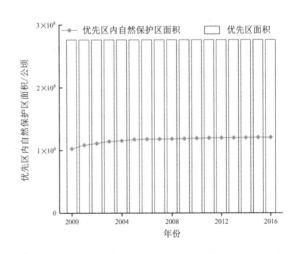

图 3-46　陆地生物多样性保护优先区内自然保护区的
面积比例

数据来源：《中国生态环境状况公报》

指标3：风景名胜区数量和面积

中国风景名胜区分为国家级和省级两个层级。截至2017年年底，国务院先后批准设立国家级风景名胜区9批共244处，面积约1 066万公顷；各省级人民政府批准设立省级风景名胜区807处，面积约1 074万公顷，两者总面积约2 140万公顷。这些风景名胜区基本覆盖了中国各类地理区域，遍及除香港、澳门、台湾和上海之外的所有省份，占陆地总面积的比例由1982年的0.2%提高到2016年的2.23%。有42处国家级风景名胜区和10处省级风景名胜区被联合国教科文组织列入《世界遗产名录》（图3-47）。

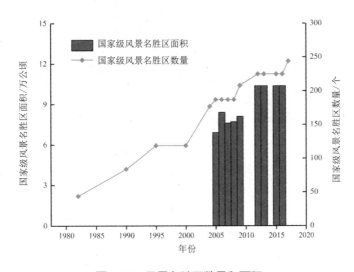

图 3-47 风景名胜区数量和面积

数据来源：《中国风景名胜区事业发展公报（1982—2012年）》《国务院关于发布第九批国家级风景名胜区名单的通知》（国函〔2017〕40号）

指标4：森林公园数量和面积

早在20世纪80年代，中国就着手开展对森林景观的保护与利用。1982年，张家界国家森林公园成为中国第一个国家级森林公园。截至2016年，全国已建立森林公园3 505处，其中国家级森林公园881处，规划面积1 278.62万公顷（图3-48）。

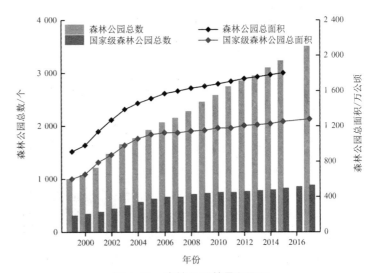

图 3-48 森林公园数量和面积

数据来源：《全国林业经济发展统计公报》和《中国林业发展报告》

指标 5：国家级水产种质资源保护区

为保护水产种质资源及产卵场、索饵场、越冬场、洄游通道，截至 2016 年，农业部先后分十批公布国家级水产种质资源保护区 523 个，面积 1 560 万公顷（图 3-49）。

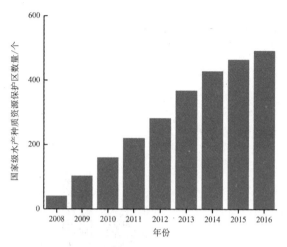

图 3-49　国家级水产种质资源保护区数量

数据来源：农业部网站

指标 6：海洋特别保护区数量和面积

自 2005 年中国建立第一个国家级海洋特别保护区，海洋特别保护区经历了跨越式发展（图 3-50）。截至 2017 年年底，中国建有国家级海洋特别保护区 67 个，总面积超过 690 万公顷，初步形成包含特殊地理条件保护区、海洋生态保护区、海洋资源保护区和海洋公园等多种类型的海洋特别保护区网络。

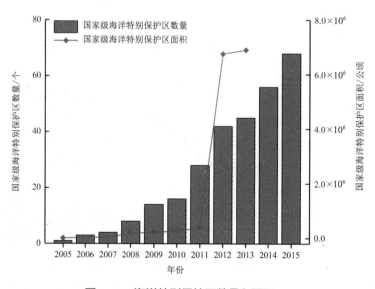

图 3-50　海洋特别保护区数量和面积

数据来源：《中国生态环境状况公报》

指标 7：保护区生态代表性指数

保护区生态代表性指数的年均变化率可表征具有生态代表性的保护区的趋势。1970—2016 年，保护区生态代表性指数由 1970 年的 0.02 增加到 0.09，保护区生态代表性指数的年均变化率接近 0.08%，说明该时期内中国保护区呈快速增长趋势；而在2000—2016 年，保护区生态代表性指数的年均变化率为 0.005%，说明 2000 年以来中国保护区的增长放缓（图 3-51）。

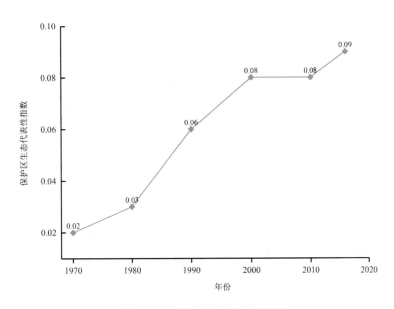

图 3-51　保护区生态代表性指数

数据来源：生物多样性指标联盟网站

（3）进展评估

中国各类自然保护地的面积和数量、生态代表性指数均呈现上升趋势（图 3-52），其中陆地自然保护地面积百分比已达 18%，但海洋保护区面积百分比未达到 10% 的全球保护目标，自然保护地的生态代表性和管理有效性有待提高。总体上，该目标"正在实现"（表 3-12）。

表 3-12　爱知生物多样性目标 11 进展评估的信息收集

项　目	内　容
评估完成日期	2018 年 6 月
评估本目标的指标清单	自然保护区数量和面积、陆地生物多样性优先保护区内自然保护区的面积比例、风景名胜区数量和面积、森林公园数量和面积、国家级水产种质资源保护区的数量、海洋特别保护区面积占中国管辖海域面积的百分比、保护区生态代表性指数

项 目	内 容
进展评估相关证据的信息	《中国生态环境状况公报》、《中国林业发展报告》、《中国林业统计年鉴》、《全国林业经济发展统计公报》、《中国农业年鉴》、《中国风景名胜区事业发展公报（1982—2012年)》、《国务院关于发布第九批国家级风景名胜区名单的通知》（国函〔2017〕40号）、生态环境部和农业农村部网站、生物多样性指标联盟网站
评估的置信水平	基于全面证据
支撑评估的监测信息的充分性	充分
指标如何监测	来自生态环境部、自然资源部、农业农村部、国家林业和草原局、国家海洋局、住房和城乡建设部等部委网站的数据，年度更新；生物多样性指标联盟的共享数据
	与监测系统相关的额外信息：相关网站和文件

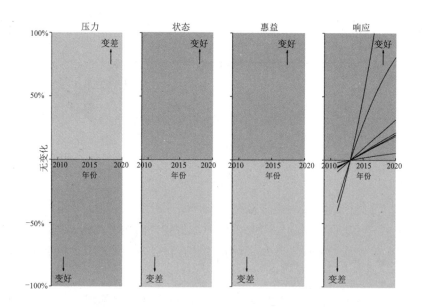

图 3-52 爱知目标 11 下相关指标的变化趋势

目标 12

到 2020 年，防止已知受威胁物种的灭绝，且其保护状况，尤其是其中减少最严重的物种的保护状况得到改善和维持。

（1）背景

减少物种灭绝的风险，需要消除导致物种濒危的直接和间接压力。保护受威胁物种的生境，实施物种恢复、引进和保护等工程，可以降低物种灭绝风险。为探究生物多样性丧失程度，评估不同时期丧失的原因、保护政策和行动的有效性，选取红色名录指数和地球生命力指数两个指标评估中国物种多样性的灭绝风险。

（2）现状与趋势

环境保护部联合中国科学院开展了生物多样性受威胁状况评估，先后发布《中国生物多样性红色名录——高等植物卷》《中国生物多样性红色名录——脊椎动物卷》《中国生物多样性红色名录——大型真菌卷》《2018年中国生物物种名录》。农业部组织实施了斑海豹、中华白海豚等部分珍稀濒危物种的保护行动计划，启动实施了一批珍稀濒危物种拯救工程，积极引导渔民退捕转产，推进全流域实施全面禁捕。国家林业局开展极小种群野生动植物的拯救和保护，实施了大熊猫、朱鹮、野马、麋鹿等20多种野生动物人工繁育种群放归自然活动，大熊猫、亚洲象、东北虎豹、朱鹮、南方红豆杉等一大批珍稀濒危野生动植物野外种群数量稳定增长，保护管理能力逐步增强。

中国积极履行相关国际公约，成立了由林业、农业、公安、海关、工商、质检、海警、邮政、旅游等多部门组成的跨部门CITES执法工作协调小组，参加打击野生动植物犯罪、保护大象、雪豹、犀牛、赛加羚羊、穿山甲、加利福尼亚湾石首鱼等系列国际会议。实施临时禁止进口象牙和全面停止商业性加工销售象牙及制品的管控措施，建立打击野生动物非法贸易部际联席会议制度。最高法、最高检等五部门联合发布执法案件中涉及《公约》附录物种的价值核定规定，司法部赋予一批机构野生动植物司法鉴定资质。开展"国门利剑"、"守卫者"、"雷霆行动"和"清网行动"等一系列专项打击行动和联合执法检查，严厉打击野生动植物非法贸易活动，有力震慑违法犯罪行为。

指标1：红色名录指数

中国分别于2009年和2015年完成脊椎动物红色名录评估。纳入红色名录指数评估的哺乳动物421种、鸟类1 014种、爬行动物301种、两栖动物213种和内陆鱼类136种。根据Equal-steps方法，2009—2015年中国爬行动物、两栖动物和鱼类的RLI下降，而哺乳动物的RLI略有增加。但根据Extinction-risk方法，2009—2015年两栖动物、爬行动物、哺乳动物和鱼类的RLI均下降。这表明随着生境的退化或消失，总体上两栖动物、爬行动物、哺乳动物和鱼类的受威胁程度在加剧，尤其是鱼类的受威胁程度最为严重（图3-53）。利用鸟类保护国际的评估数据并基于上述两种方法，2012—2015年鸟类RLI均有所下降（图3-54），表明鸟类多样性丧失速率加快。可见，中国脊椎动物的受威胁程度在加剧，亟须加强保护。

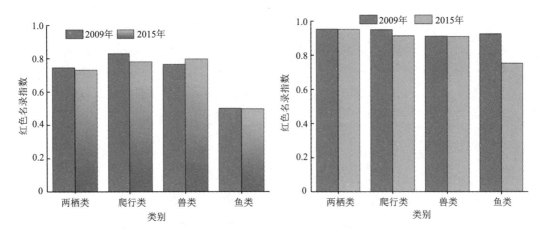

图 3-53　中国哺乳动物、两栖爬行动物和鱼类的 RLI

注：左图为 Equal-steps 方法；右图为 Extinction-risk 方法

数据来源：《中国物种红色名录》、《中国生物多样性红色名录——脊椎动物卷》和 IUCN 红色名录数据库

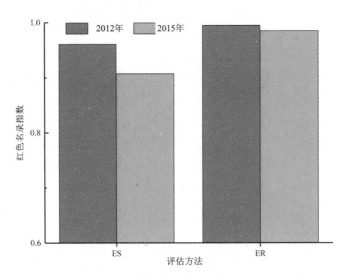

图 3-54　鸟类的 RLI 指数

数据来源：鸟类保护国际数据库（Bird Life International）

指标 2：地球生命力指数

地球生命力指数（Living Planet Index，LPI）是通过对不同生态系统和地区的哺乳动物、鸟类、两栖爬行动物和鱼类等物种丰度变化的表述，衡量地球的生态状况。根据 LPI 的评估方法，基于 405 种哺乳动物、鸟类、两栖爬行动物的 1 385 个种群时间序列数据，表明 1970—2010 年中国陆栖脊椎动物种群数量下降了 49.71%（WWF 等，2015）。其中，基于 161 种哺乳动物的 977 个种群时间序列数据分析表明，1970—2010 年中国哺乳动物种群数量下降了 50.12%；基于 184 种留鸟的 312 个鸟类种群时间序列数据分析表明，1970—2000 年鸟类种群数量相对稳定，到 21 世纪初有所上升，并呈现出显著的波动性，

1970—2010 年鸟类种群数量上升 42.76%；基于 60 种两栖爬行动物的 98 个种群时间序列数据分析表明，1970—2010 年两栖爬行动物种群呈持续下降的趋势，到 2010 年 LPI 下降了 97.44%（WWF 等，2015）（图 3-55）。全国生物多样性观测网络表明，2011—2017 年连续观测的 556 种鸟类中，50% 的鸟类种群密度呈下降趋势，其中内陆水体和沼泽中的鸟类种群密度呈明显下降趋势；在 149 种两栖动物中，51.68% 物种的两栖动物种群密度呈现不同程度的下降趋势，尤其是农田和淡水生态系统十分明显（生态环境部南京环境科学研究所，2018）。

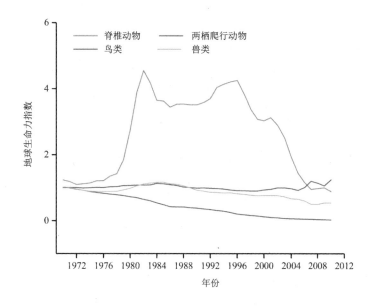

图 3-55 中国脊椎动物的地球生命力指数

数据来源：《地球生命力报告·中国 2015》《2017 年全国生物多样性观测报告》

（3）进展评估

尽管中国政府采取了大量保护物种和恢复生境的措施，但两个指标均呈现下降趋势（图 3-56），大量珍稀物种濒临灭绝风险，表明该目标"取得一定进展但速度缓慢"（表 3-13）。

表 3-13 爱知生物多样性目标 12 进展评估的信息收集

项 目	内 容
评估完成日期	2018 年 6 月
评估本目标的指标清单	红色名录指数、地球生命力指数
进展评估相关证据的信息	《中国生物多样性红色名录——脊椎动物卷》、《中国物种红色名录》、《地球生命力报告·中国 2015》和鸟类保护国际数据库

续 表

项 目	内 容
评估的置信水平	基于部分证据，主要关注脊椎动物
支撑评估的监测信息的充分性	部分充分（涵盖濒危状况、物种丰度变化）
指标如何监测	基于科学评估报告
	与监测系统相关的额外信息：暂无

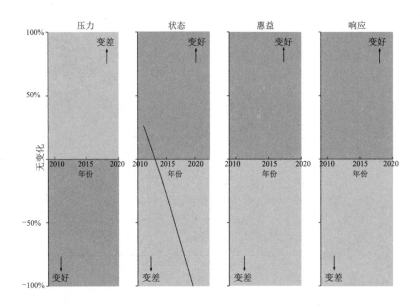

图 3-56　爱知目标 12 下相关指标的变化趋势

目标 13

到 2020 年，保持栽培植物、养殖和驯养动物及野生近缘物种，包括其他社会经济以及文化上宝贵物种的遗传多样性，同时制定并执行减少遗传侵蚀和保护其遗传多样性的战略。

（1）背景

不同物种间及物种内的遗传变异是物种保持进化潜能的基本条件，与生物多样性的形成、消失和发展休戚相关。遗传多样性是生物多样性就地保护的基础，更是迁地保护的关键。遗传资源的保护和利用，不仅是生物多样性保护的关键因素，也是农业持续发展的需要，关系到世界未来的粮食安全。选择农业野生植物原生境保护区（点）数量、农作物遗传资源保有量、畜禽遗传资源保有量、林木遗传资源保有量等指标，评估本目标的实现情况。

（2）现状与趋势

指标 1：农业野生植物原生境保护区（点）数量

2001 年起农业部建立农业野生植物原生境保护区（点），包括野生稻、野生大豆、小麦野生近缘植物、野生蔬菜等。到 2015 年，农业野生植物原生境保护区（点）数量增加到 190 个，有效遏制了农业野生植物遗传资源的快速灭绝趋势。

指标 2：农作物遗传资源保有量

中国政府加强农作物种质资源保存设施建设。2015 年农业部会同国家发展改革委、科技部联合印发《全国农作物种质资源保护与利用中长期发展规划（2015—2030 年）》，对农作物种质资源的收集保存、发掘创制及保护体系建设等做了全面部署。启动种质资源挽救性收集工作，开展"第三次全国农作物种质资源普查收集"。"十二五"期间，通过种子工程专项投资 2.1 亿元，建设农作物种质资源项目 38 个。国家农作物种质资源平台由 10 个国家中期库、1 个国家种质库、23 个省级中期库、39 个国家种质圃和 1 个青海国家复份库等 74 个库圃组成。截至 2015 年年底，中国共保存各类农作物种质资源 470 295 份，保存总量居世界第二位，其中国家种质库长期保存资源已突破 40 万份。野生稻、野生大豆、小麦野生近缘植物、野生果树等 39 个原产于中国且处于濒危状态的野生物种得到妥善保护。加强热带作物种质资源保护工作，截至 2014 年，农业部授牌热带作物种质资源圃 22 个，保存热带作物种质资源总量达到 19 889 份（图 3-57）。

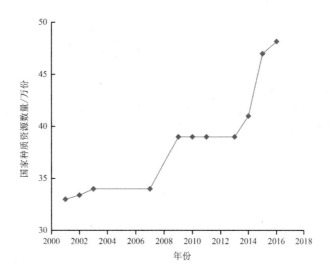

图 3-57　农作物遗传资源保有量

资料来源：中国农科院—国家种质资源库

指标 3：畜禽遗传资源保存量

中国是世界上畜禽遗传资源最为丰富的国家，已发现地方品种 545 个，约占世界畜禽遗传资源总量的 1/6。2014 年，农业部修订《国家级畜禽遗传资源保护名录》，重点对珍贵、稀有、濒危的畜禽品种实施保护，初步建立以保种场为主、保护区和基因库为辅的畜禽遗传资源保存体系。"十二五"期间，国家级畜禽遗传资源保种场、保护区、基因库数量由 119 个增加至 187 个，90% 以上的国家级畜禽遗传资源品种设有国家级保种单位（表 3-14）。国家级保护品种从 138 个增加到 159 个（图 3-58）。27 个省（自治区、直辖市）发布省级畜禽遗传资源保护名录，将 260 个地方品种列入省级保护名录。截至 2015 年年底，通过遗传物质交换、建立保种场等方式，全国累计抢救性保护了大蒲莲猪、萧山鸡、温岭高峰牛等 39 个濒临灭绝的地方畜禽品种，保护了 249 个地方畜禽品种。

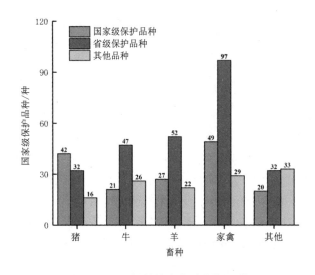

图 3-58 已保护的畜禽遗传资源数量

数据来源：农业部网站

表 3-14 国家级畜禽遗传资源保存设施数量

畜种	国家级畜禽遗传资源保种场 / 个	国家级畜禽遗传资源保护区 / 个	国家级畜禽遗传资源基因库 / 个
家禽	48	—	4
猪	54	6	
牛	18	3	2
羊	20	4	
其他	18	10	
合计	158	23	6

数据来源：《全国畜禽遗传资源保护和利用"十三五"规划》

指标 4：林木遗传资源保有量

在全国 31 个省（自治区、直辖市）设立省级林木种苗管理站，295 个地（市）、1 569 个县（市）设立林木种苗管理机构，承担着林木种质资源管理职能，形成了较为完备的林木种质资源管理体系。建立了一批林木种质资源异地保存专项库和综合库，保存树种

2 000多种，其中重点树种120多种。到2015年年底，全国林业系统对285.3万株古树名木进行了挂牌保护，建立了200多个植物园。

（3）进展评估

中国政府采取了大量政策措施，保存和维持遗传多样性，栽培植物、养殖和驯养动物及其他重要物种的遗传多样性保护状况得到改善，但遗传资源丧失和流失的问题未得到有效遏制（图3-59）。这表明该目标"正在实现"（表3-15）。

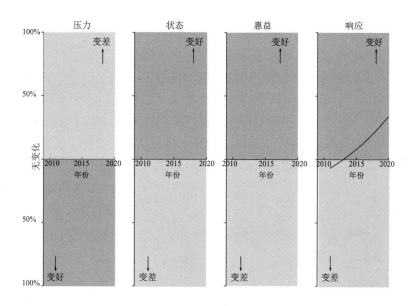

图 3-59　爱知目标 13 下相关指标的变化趋势

表 3-15　爱知生物多样性目标 13 进展评估的信息收集

项　目	内　容
评估完成日期	2018 年 6 月
评估本目标的指标清单	农业野生植物原生境保护区（点）数量、农作物遗传资源保有量、畜禽遗传资源保有量、林木遗传资源保有量
进展评估相关证据的信息	《中国农业年鉴》；生态环境部、农业农村部等部委网站
评估的置信水平	基于全面证据
支撑评估的监测信息的充分性	充分
指标如何监测	来自相关部委的统计数据，定期更新 与监测系统相关的额外信息：暂无

目标 14

到 2020 年，提供重要服务（包括与水相关的服务）以及有助于健康、生计和福祉的生态系统得到了恢复和保障，同时顾及妇女、土著人民和地方社区以及贫穷和弱势群体的需要。

（1）背景

生态系统具有提供产品供给、调节、文化等重要服务功能，不同行业对生态系统服务有不同的诉求，需要在生态系统的不同服务之间进行权衡和协调。一些生态系统对于妇女、地方社区、贫穷和弱势群体的生活特别重要，因此，应优先保护和恢复这些生态系统，识别提供基本服务且对当地生活起关键作用的生态系统。为此，中国开展了加强生物多样性就地保护、科学开展生物多样性迁地保护、实施重要生态系统保护与恢复工程等国家战略与行动。目前，中国已建立自然保护地体系、野生动植物和种质资源迁地保护体系，稳步实施了天然林资源保护、退耕还林还草、退牧还草、防护林体系建设、河湖与湿地保护修复、防沙治沙、水土保持、石漠化治理、野生动植物保护及自然保护区建设等一批重大生态保护与修复工程。针对本爱知目标，选用"陆域生态系统的食物供给服务"、"陆域生态系统的生态调节服务"和"海洋健康指数"表征从生态系统服务获益情况，选用"农村居民家庭人均纯收入"和"重点生态工程区贫困人口数量"两项指标表征生态系统服务满足贫穷和脆弱群体的需要的程度。

（2）现状与趋势

指标 1：中国陆域生态系统的食物供给服务

从农田和草地生态系统的实际食物生产能力出发，得出全国实际食物供给能力，然后利用食物营养转化模型（王情等，2010），将各类食物折算成人类生存所需的热量来表示中国陆域生态系统食物供给能力。结果表明，中国陆域生态系统食物供给能力由 2006 年的 1 614.59 万亿千卡*增加到 2016 年的 2 001.75 万亿千卡，10 年间增加了 23.98%；2013—2016 年，中国陆域生态系统的食物供给能力提高 1.93%（图 3-60）。

指标 2：中国陆域生态系统的生态调节服务

根据全国生态环境 10 年变化（2000—2010 年）和 5 年变化（2010—2015 年）的遥感调查与评估项目的结果，中国陆域生态系统的生态调节服务显著改善。2000—2015 年，中国陆域生态系统水源涵养服务从 2000 年的 12 200 亿立方米增加到 2015 年的 12 300 亿立方米，15 年间提高了 0.82%；防风固沙服务从 2000 年的 121.46 亿吨增加到 2015 年的 138.30 亿吨，15 年间提高了 13.86%；土壤保持服务从 2000 年的 2 072.25 亿吨增加到 2015 年的 2 094.27 亿吨，15 年间提高了 1.06%。而 2010—2015 年，中国陆域生态系统的防风固沙和土壤保持两项服务分别提高了 0.59% 和 0.46%（图 3-61）。

---

* 卡——非法定单位，1 卡 =4.186 8 焦耳。

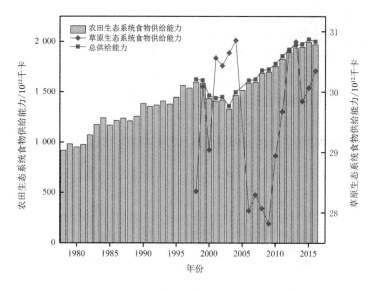

图 3-60　中国陆域生态系统的食物供给服务

数据来源：科学评估数据

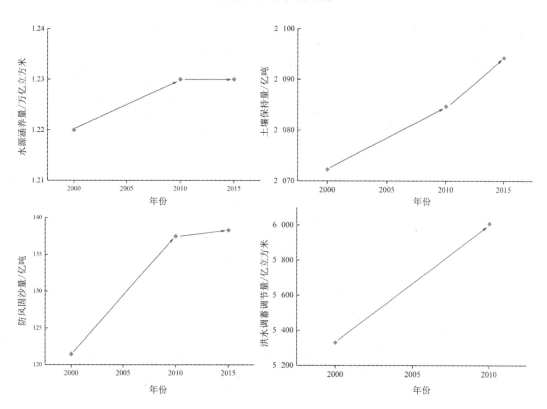

图 3-61　中国陆域生态系统的生态调节服务

数据来源：生态环境部卫星环境应用中心

指标 3：中国海洋健康指数

海洋健康指数是从食物供给、天然产品、碳汇、生计、旅游与度假、清洁的水、生物多样性、地区归属感、安全海岸线等方面，综合评估海洋为人类提供福祉的能力（Halpern et al., 2012）。在满分 100 分的前提下，2012—2017 年，中国海洋健康指数总得分在 62.44 ～ 64.52 分，表明中国海洋渔业和生态等方面还有很大改善空间。但在海水养殖、经济、生计、物种状态、生物多样性、手工艺品、食物供给、生境和安全海岸线等 9 个方面的得分均保持在 70 分以上，说明中国海洋在这 9 个方面的福祉水平较高（图 3-62）。

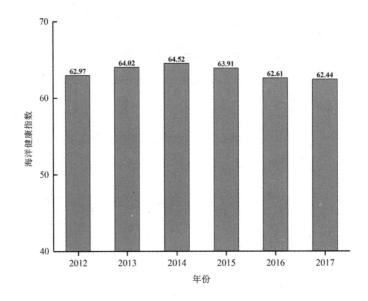

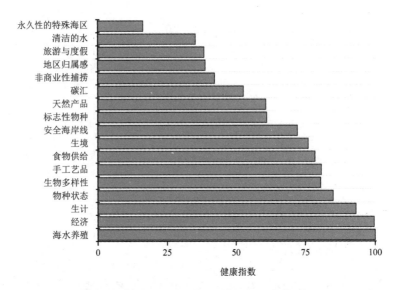

图 3-62　中国海洋健康指数（上图表示总得分；下图表示各单项得分）

数据来源：生物多样性指标联盟提供

指标4：农村居民家庭人均纯收入

中国农村居民家庭人均纯收入增加较快，1978 年仅为 133.60 元，到 2015 年增至 10 772.00 元，增长 80.63 倍；如果按 1978 年不变价格计算，则实际增长 14.10 倍（图 3-63）。2013—2015 年，中国农村居民家庭人均纯收入由 8 895.91 元增加至 10 772.00 元，增长 21.09%，扣除物价因素，比 2013 年实际增长 17.39%，这在一定程度上得益于生态系统产品提供能力的增加。

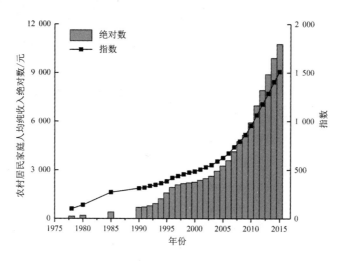

图 3-63　中国农村居民家庭人均纯收入

数据来源：《中国统计年鉴》

指标5：重点生态工程区贫困人口数量

天然林资源保护工程、退耕还林工程和京津冀风沙治理工程，不仅产生巨大的生态效益，而且对于贫困人口的脱贫发挥了重要作用。三大工程区样本县贫困人口数量均呈下降趋势，其中，天然林资源保护工程区样本县 1997—2015 年脱贫人口达到 160.83 万人；退耕还林工程区样本县 1998—2015 年脱贫人口达到 423.89 万人；京津冀风沙治理工程区样本县 2000—2015 年脱贫人口达到 69.7 万人（图 3-64）。与 2013 年相比，天然林资源保护工程区、京津冀风沙治理工程区样本县贫困人口数量分别下降 33.95% 和 2.67%。

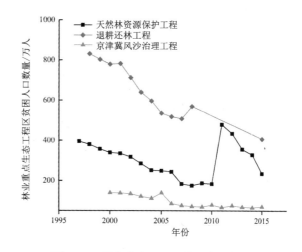

图 3-64　重点生态工程区贫困人口数量

（2011 年天然林资源保护工程区贫困人数的增加是由贫困人口标准提高造成的）

数据来源：《国家林业重点工程社会经济效益监测报告》

（3）进展评估

有关生态系统服务与人类福祉的大部分指标均呈现持续改善趋势（图 3-65），表明中国"正在超越"该目标（表 3-16）。

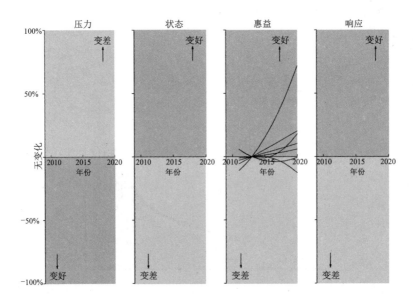

图 3-65　爱知目标 14 下相关指标的变化趋势

表 3-16　爱知生物多样性目标 14 进展评估的信息收集

项　目	内　容
评估完成日期	2018 年 6 月
评估本目标的指标清单	陆域生态系统的生态调节和产品供给服务、海洋健康指数、农村居民家庭人均纯收入、重点生态工程区贫困人口数量
进展评估相关证据的信息	《中国统计年鉴》、《国家林业重点工程社会经济效益监测报告》、全国生态环境十年变化（2000—2010 年）和五年变化（2010—2015 年）的遥感调查与评估报告、生物多样性指标联盟
评估的置信水平	基于全面证据
支撑评估的监测信息的充分性	充分（同时考虑生态系统服务的均衡性和针对目标群体的公平性）
指标如何监测	生态系统服务功能基于遥感调查和评估，每 5 年更新一次；海洋健康指数的数据来自生物多样性指标联盟；农村居民家庭人均纯收入数据来自国家统计局；重点生态工程区贫困人口数量来自《国家林业重点工程社会经济效益监测报告》，每年更新
	与监测系统相关的额外信息：暂无

目标 15

到 2020 年，通过养护和恢复行动，生态系统的复原力以及生物多样性对碳储存的贡献得到加强，包括恢复至少 15% 退化的生态系统，从而有助于减缓和适应气候变化及防止荒漠化。

（1）背景

复原力是指生态系统忍受变化而不失去其基本功能的一种能力。恢复森林、其他陆地和海洋景观，提高生态系统的复原力，有利于适应气候变化，给人类，特别是土著人民和地方社区及农村贫困人口带来惠益。适当的鼓励措施能减少甚至扭转不利的土地利用方式，对生物多样性保护和地方社区的生活产生积极影响。针对该爱知目标，选用重点生态工程区森林覆盖率、蓄积量、草原植被覆盖度、陆地生态系统固碳量 4 项指标表征生态系统的恢复情况。

（2）现状与趋势

自启动林业重点生态工程以来，中国森林资源快速增加。2013—2017 年，全国共完成造林 0.34 亿公顷，完成森林抚育 0.41 亿公顷，森林面积达 2.08 亿公顷，森林蓄积量达 151.37 亿立方米，成为同期全球森林资源增长最多的国家。2011—2015 年，中国启动了新一轮退耕还林，完成退耕还林还草任务 100 万公顷；"三北"防护林工程开展了 6 个百万亩防护林基地建设和退化林改造，完成造林 331.6 万公顷；长江、珠江、沿海防护林工程及太行山绿化工程完成造林 203.2 万公顷，工程区森林覆盖率提高 1.2 个百分点；石漠化治理和京津风沙源治理等工程分别完成造林任务 140.87 万公顷、213.33 万公顷；建设国家储备林 199.33 万公顷。第五次全国荒漠化和沙化监测（2009—2014 年）结果表明，5 年间荒漠化土地面积净减少 121 万公顷，年均减少 24.24 万公顷；沙化土地面积净减少 99.02 万公顷，年均减少 19.80 万公顷。与第四次监测（2004—2009 年）结果相比，荒漠化和沙化土地呈整体遏制、持续缩减、功能增强的良好态势。

中国不断加大草原生态系统保护力度，局部地区生态环境明显改善，草原生态环境持续恶化势头得到初步遏制。据监测，2017 年全国草原综合植被盖度达 55.3%，天然草原年鲜草总产量 10.7 亿吨，连续 7 年保持在 10 亿吨以上。内蒙古自治区草原综合植被盖度达 44%，草原生态已恢复到接近 20 世纪 80 年代中期水平。新疆维吾尔自治区草原综合植被盖度达 41.3%，创有监测记录（2011 年）以来的历史最高值。青海三江源地区草原生态系统水源涵养量增加 28.4 亿立方米。

针对退化的湿地生态系统，近年来中国修订了《湿地保护管理规定》，已有 20 个省份制定省级湿地保护条例，建立健全湿地补贴政策，资金投入从"十一五"期间的年均 3 亿元增加到 2014 年的约 20 亿元，中国湿地保护取得明显成效。中国湿地面积达 5 360.26 万公顷，占国土面积的 5.58%。其中，自然湿地 4 667 万公顷，占全国湿地的 87.07%。全国有国际重要湿地 46 处、湿地自然保护区 577 个、湿地公园 723 个，全国湿地保护率达 49.03%。

指标 1 ：重点生态工程区森林覆盖率

自 1997 年中国启动林业重点工程建设以来，取得了巨大成就，森林保护和恢复效果良好。天然林资源保护工程、退耕还林工程和京津冀风沙治理工程的样本县森林覆盖率呈上升趋势。天然林资源保护工程区森林覆盖率从 1997 年的 31.65% 增加到 2015 年的 37.32%；退耕还林工程区森林覆盖率由 1998 年的 20.41% 增加到 2015 年的 30.58%；京津冀风沙治理工程区森林覆盖率从 2000 年的 19.96% 增加到 2015 年的 35.02%（图 3-66）。与 2013 年相比，退耕还林工程和京津冀风沙治理工程样本县重点生态工程区森林覆盖率分别提高了 5.27% 和 2.93%，而天然林资源保护工程样本县森林覆盖率略有降低，与 2013 年相比降低了 0.56%。

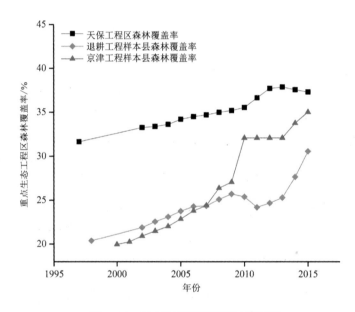

图 3-66　重点生态工程区森林覆盖率

数据来源：《国家林业重点工程社会经济效益监测报告》

指标 2 ：重点生态工程区森林蓄积量

自 1997 年以来，天然林资源保护工程、退耕还林工程和京津冀风沙治理工程的样本县森林蓄积量均呈上升趋势。天然林资源保护工程区森林蓄积量从 1997 年的 42 745.9 万立方米增加至 2015 年的 67 430.15 万立方米，增加了 57.75%；退耕还林工程区森林蓄积量由 1998 年的 47 339.19 万立方米增加至 2015 年的 69 855.95 万立方米，增加了 47.56%；京津冀风沙治理工程区森林蓄积量从 2000 年的 5 300.55 万立方米增加至 2015 年的 8 983.24 万立方米，增加了 69.48%（图 3-67）。与 2013 年相比，天然林资源保护工程、退耕还林工程和京津冀风沙治理工程的样本县森林蓄积量分别提高了 2.98%、7.27% 和 13.46%。

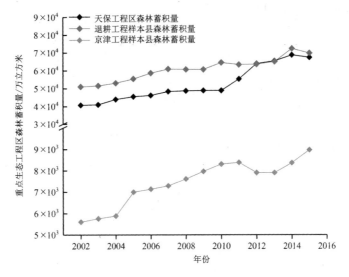

图 3-67　重点生态工程区森林蓄积量

数据来源：《国家林业重点工程社会经济效益监测报告》

指标 3：重点生态工程区草原植被覆盖度

重点工程区草原生态恢复向好。2016 年，京津风沙源草地治理工程区内的平均植被覆盖度为 72%，比非工程区高出 32 个百分点；退牧还草工程区内的平均植被覆盖度为 66%，比非工程区高出 10 个百分点。根据对工程区样本县遥感监测显示，2016 年京津风沙源草地治理工程区和退牧还草工程区的平均植被覆盖度较 2009 年分别提高了 22 个百分点和 2 个百分点，但与 2013 年相比，京津风沙源草地治理工程区草原植被覆盖度增加 6 个百分点，而退牧还草工程区草原植被覆盖度降低了 6 个百分点（图 3-68）。

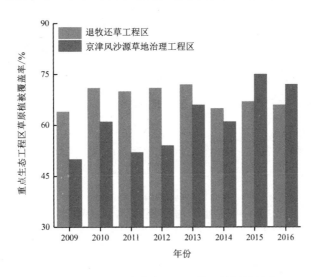

图 3-68　重点生态工程区草原植被覆盖率

数据来源：《全国草原监测报告》

指标 4：陆地生态系统固碳量

根据中国科学院 A 类战略性先导科技专项"应对气候变化的碳收支认证及相关问题"（以下简称"碳专项"）之生态系统固碳项目研究成果（2018 年发表于《美国国家科学院院刊》），中国陆地生态系统在过去几十年一直扮演着重要的碳汇角色，在 2001—2010 年，陆地生态系统年均固碳 2.01 亿吨，相当于抵消了同期中国化石燃料碳排放量的 14.1%。其中，中国森林生态系统是固碳主体，贡献了约 80% 的固碳量，而农田和灌丛生态系统分别贡献了 12% 和 8% 的固碳量，草地生态系统的碳收支基本处于平衡状态。同时，基于森林碳潜力（Forest Carbon Sequestration）模型的研究结果表明，中国森林植被 2010—2050 年的固碳潜力为 14.95 pg C，每年平均固碳速率为 0.37 pg C，据此推算，在维持现有森林不变的情况下，中国森林植被最快的固碳速度出现在 2020 年左右（He et al., 2016）。

（3）进展评估

中国政府加大生态系统保护和恢复力度，有关生态系统恢复的大部分响应指标均呈现持续改善趋势（图 3-69）。2011—2015 年，全国累计治理"三化"草原 4 720.5 万公顷，完成沙化土地治理面积 1 000 万公顷，恢复湿地 23.3 万公顷，退化生态系统恢复面积占全国荒漠化土地面积（26 116 万公顷）的 22%。这表明中国"正在超越"该目标（表 3-17）。

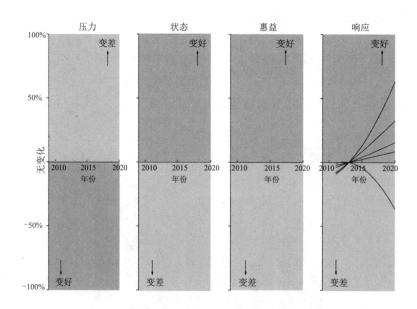

图 3-69　爱知目标 15 下相关指标的变化趋势

表 3-17　爱知生物多样性目标 15 进展评估的信息收集

项　目	内　容
评估完成日期	2018 年 6 月
评估本目标的指标清单	重点生态工程区森林覆盖率、森林蓄积量、草原植被覆盖度、陆地生态系统固碳量
进展评估相关证据的信息	《国家林业重点工程社会经济效益监测报告》《全国草原监测报告》《全国地表水水质月报》
评估的置信水平	基于部分证据
支撑评估的监测信息的充分性	充分（涵盖了森林、草原、水域生态系统的恢复情况）
指标如何监测	重点生态工程区森林覆盖率和蓄积量来自《国家林业重点工程社会经济效益监测报告》，每年更新；重点生态工程区草原植被覆盖度来自农业农村部草原监测数据，每年更新；陆地生态系统固碳量为科学评估数据 与监测系统相关的额外信息：暂无

目标 16

到 2015 年，《名古屋议定书》已经根据国家立法生效并实施。

（1）背景和现状

《名古屋议定书》为解决遗传资源获取与惠益分享问题确立了基本国际法律框架。中国是《名古屋议定书》的缔约方。中国高度重视生物遗传资源及相关传统知识保护和管理工作，先后颁布实施了一系列与生物资源相关的法律法规，如《畜牧法》《种子法》《中医药法》《环境保护法》《野生动物保护法》《非物质文化遗产法》《进出境动植物检疫法》《专利法》《野生植物保护条例》《畜禽遗传资源进出境和对外合作研究利用审批办法》等，部分条款对生物遗传资源、传统知识的获取或惠益分享进行了原则性规定。国务院先后发布《关于加强生物物种资源保护与管理的通知》《全国生物物种资源保护与利用规划纲要》《国家知识产权战略纲要》《中国生物多样性保护战略与行动计划（2011—2030 年）》《中药材保护和发展规划（2015—2020 年）》等，将保护生物遗传资源、建立获取与惠益分享法规制度作为战略任务和优先行动。2014 年，中国生物多样性保护国家委员会审议通过了《加强生物遗传资源管理国家工作方案（2014—2020 年）》，要求尽快制定生物遗传资源获取与惠益分享专门法律法规；环保部联合教育部、科技部、农业部、国家林业局、中科院印发《关于加强对外合作与交流中生物遗传资源利用与惠益分享管理的通知》，规范对外合作与交流中生物遗传资源获取、利用和惠益分享行为。2018 年，《生物遗传资源获取与惠益分享管理条例》已列入国家立法工作计划。

（2）进展评估

上述分析表明，中国"正在实现"该目标。

目标 17

到 2015 年，各缔约方已经制定、作为政策工具通过和开始执行一项有效、有可参与性的最新国家生物多样性战略与行动计划。

（1）背景

《战略与行动计划》是把《公约》义务和缔约方大会决定转化为国家行动的主要工具。在制定和实施《战略与行动计划》时，要有广泛的参与性，把生物多样性保护纳入国家、地方和部门的发展规划，创新和落实资金机制，调动各级政府和社会各界的积极性。中国政府积极推动《战略与行动计划》的发布与实施，同时在省级层面加以落实。因此，省级战略与计划的数量可以表征中国生物多样性战略与行动计划的实施进展。

（2）现状与趋势

2010 年，中国政府发布并实施《战略与行动计划》，同时发布了一系列有关生态文明的国家战略和规划，构成全国生物多样性保护的目标体系和路线图。2011 年，国务院批准将"2010 国际生物多样性年中国国家委员会"更名为"中国生物多样性保护国家委员会"。该国家委员会由 25 个部门组成，推进和协调全国生物多样性保护工作，指导"联合国生物多样性十年中国行动"。各省（自治区、直辖市）加强环保、农业、林业、海洋等涉及生物多样性保护的机构建设。2011 年以来，山西、西藏等 6 个省（自治区、直辖市）成立生物多样性保护工作委员会，吉林、广东和云南等 3 省建立生物多样性联席会议制度。湖南、宁夏等 3 个省（自治区、直辖市）以及辽河管理局成立生物多样性保护领导小组，广西成立战略行动计划的编制小组。其他各省（自治区、直辖市）建立生物物种资源保护部门联席会议制度。

指标：编制省级战略与计划的数量

截至 2016 年 5 月底，已有 17 个省（自治区、直辖市）编制完成并发布了本省的生物多样性保护战略与行动计划，包括天津、吉林、黑龙江、上海、江苏、浙江、福建、江西、山东、湖北、广西、海南、重庆、四川、云南、西藏、宁夏。河北、山西、辽宁、河南、湖南、广东、陕西、甘肃、青海、新疆准备报省（自治区、直辖市）政府批复，北京、内蒙古、安徽、贵州编制完成，正在征求意见（图 3-70）。

（3）进展评估

中国除了发布和实施《战略与行动计划》外，还在大部分省份制订并实施战略计划（图 3-71）。这表明，中国"正在超越"该目标（表 3-18）。

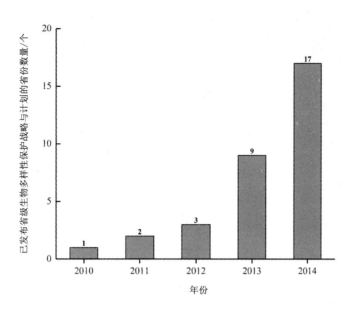

图 3-70　已发布省级生物多样性保护战略与计划的省份数量

数据来源：生态环境部生态司

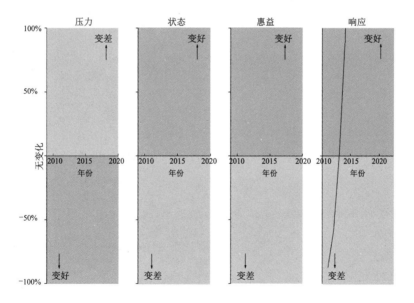

图 3-71　爱知目标 17 下相关指标的变化趋势

表 3-18　爱知生物多样性目标 17 进展评估的信息收集

项　目	内　容
评估完成日期	2018 年 6 月
评估本目标的指标清单	省级以上生物多样性保护与管理机构数量、编制省级战略与计划的数量
进展评估相关证据的信息	生态环境部网站
评估的置信水平	基于全面证据
支撑评估的监测信息的充分性	充分
指标如何监测	来自生态环境部的统计数据，年度更新
	与监测系统相关的额外信息：暂无

目标 18

到 2020 年，与生物多样性保护和可持续利用有关的土著人民和地方社区的传统知识、创新和做法以及他们对生物资源的习惯性利用得到尊重，并纳入和反映到《公约》的执行中，这些应与国家立法和国际义务相一致并由土著人民和地方社区在各级层次充分和有效参与。

（1）背景

根据《公约》第 8(j) 条，传统知识、创新和做法应得到尊重、保护和维持，并在相关地方社区的准许下应用于当地生态系统管理。根据《公约》第 10(c) 条，有利于生物多样性保护与可持续利用的生物资源习惯利用方式应得到保护和鼓励。中国遗传资源及传统知识丰富，虽然尚未系统建立惠益共享制度，但国家中医药管理局、文化主管部门、农业农村部等相关部门已以中医药、非物质文化遗产、地方品种资源等为重点对遗传资源及其有关传统知识进行管理。从中国这一具体国情出发，采用"相关非物质文化遗产申请数量"、"已记录的中医药相关法律法规的数量"和"已认定的地理标志产品的数量"3 个指标表征本目标实施进展。

（2）现状与趋势

2017 年实施的《中医药法》规定了中医药传统知识持有人享有自身所持传统知识的传承使用权利、事先知情同意权利和利益分享权利。同时，该法第四十二条规定，对具有重要学术价值的中医药理论和技术方法，省级以上人民政府中医药主管部门应当组织遴选本行政区域内的中医药学术传承项目和继承人，并为传承活动提供条件。《非物质文化遗产法》要求进行非物质文化遗产调查时，应当事先征得调查对象的同意，还应尊重其风俗习惯，不得损害其合法权益。截至 2018 年 5 月，国务院公布了 4 批 1 836 项国家级非物质文化遗产项目（包括 1 372 项国家级代表性项目和 464 项扩展项目）和 5 批 3 068 名国家级非物质文化遗产代表性项目代表性传承人。其中，传统技艺和传统医药等与生物遗传资源密切相关，涉及生物遗传资源相关传统知识，共 370 项国家级非物质文化遗产、400 名传承人。各级地方人民政府也在积极开展省、市、县级非物质文化遗产和代表性传承人的认定工作。

　　通过有关门户网站的高级检索，查询相关非物质文化遗产申请、已记录的中医药相关法律法规以及已认定的地理标志产品的数量，结果表明 3 项指标均呈增加趋势，这说明生物多样性保护和可持续利用有关的传统知识和做法以及他们对生物资源的习惯性利用越来越多地得到尊重（图 3-72 ～图 3-74）。

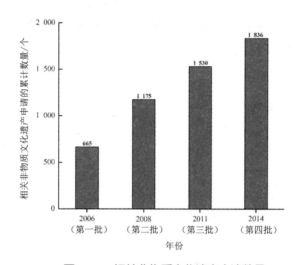

图 3-72　相关非物质文化遗产申请数量

数据来源：文化和旅游部门户网站

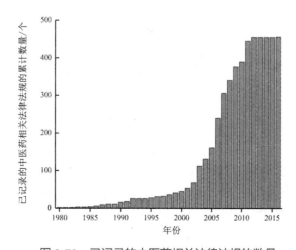

图 3-73　已记录的中医药相关法律法规的数量

数据来源：中医药—法律法规—110 网站 (http://www.110.com/fagui/)

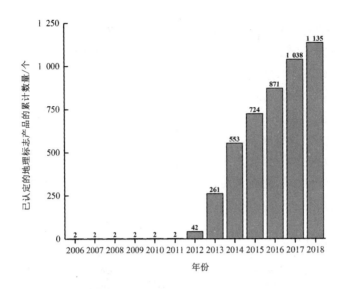

图 3-74　已认定的地理标志产品的数量

数据来源：国家知识产权局"中国国家地理标志产品保护网"（http://www.cgi.gov.cn/）

（3）进展评估

有关该目标的 3 个响应指标大多呈现增长趋势（图 3-75），表明中国"正在实现"该目标（表 3-19）。

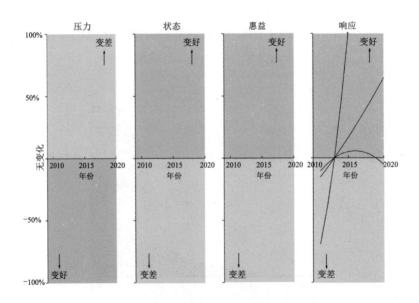

图 3-75　爱知目标 18 下相关指标的变化趋势

表3-19　爱知生物多样性目标18进展评估的信息收集

项　目	内　容
评估完成日期	2018年6月
评估本目标的指标清单	相关非物质文化遗产申请数量、已记录的中医药相关法律法规的数量、已认定的地理标志产品的数量
进展评估相关证据的信息	文化和旅游部门户网站、中医药—法律法规—110网站、中国地理标志网
评估的置信水平	基于部分证据
支撑评估的监测信息的充分性	部分充分（涵盖非物质文化遗产、中医药相关法律法规、已认定的地理标志等传统知识）
指标如何监测	相关非物质文化遗产申请数量来自国务院公报，已记录的中医药相关法律法规的数量来自中医药—法律法规—110网站，已认定的地理标志产品的数量来自中国国家地理标志产品保护网 与监测系统相关的额外信息：暂无

目标19

到2020年，已经提高、广泛分享和转让并应用与生物多样性及其价值、功能、状况和变化趋势以及有关其丧失可能带来的后果的知识、科学基础和技术。

（1）背景

评估生物多样性现状、界定生物多样性所面临的威胁以及如何保护与可持续利用生物多样性，是所有国家都在关心的问题。尽管大多数国家或组织已采取行动对生物多样性进行监测和研究，但是对生物多样性保护相关的知识、科学与技术的评估信息依然匮乏。采用"有关生物多样性保护的论文数量""不同年份通过百度检索到有关中国生物多样性的条目""国家研发投入占GDP的比例""生物多样性研究领域的专利申请数量""物种出现记录"作为评估目标19进展的指标。

（2）现状与趋势

指标1：有关生物多样性保护的论文数量

通过中国知网（www.cnki.net）以关键词"生物多样性"查询1993—2017年发表的相关论文情况，通过外文数据库（ISI Web of Science）以关键词"Biodiversity"查询1993—2017年发表的SCI论文，结果表明，有关生物多样性保护的论文总体呈逐年递增的趋势（图3-76）。

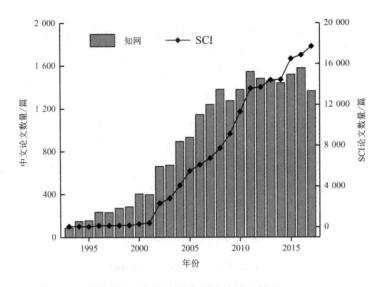

图 3-76　有关生物多样性的论文数量

数据来源：中国知网（www.cnki.net）及 SCI 数据库（ISI Web of Science）

指标 2：不同年份通过百度检索到有关中国生物多样性的条目

详见目标 1 的相关说明。

指标 3：国家研发投入占 GDP 的比例

中国国家研发投入不断提高，从 2014 年起，国家研发投入占 GDP 的比重超过 2%，2017 年达到 2.12%（图 3-77）。随着国家研发投入的提高，与生物多样性保护和可持续利用相关的投入也相应提高。

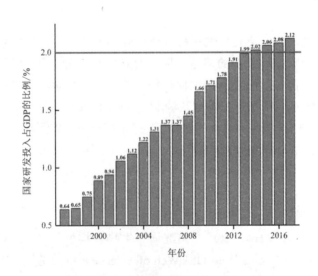

图 3-77　国家研发投入占 GDP 的比重

数据来源：《国家统计公报》

指标 4：生物多样性研究领域的专利申请数量

在国家知识产权局门户网站，以关键词"生物多样性"查询 2009—2017 年生物多样性研究领域的专利申请数量，在 2009 年之前进展缓慢，总申请数仅 108 件，随后开始逐步增长，2014—2017 年，每年生物多样性研究领域的专利申请数均达 120 件以上（图 3-78）。

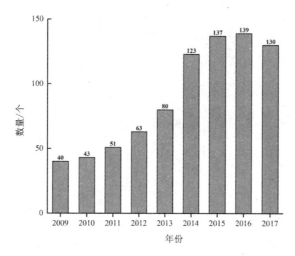

图 3-78　生物多样性研究领域的专利申请数

数据来源：国家知识产权局

指标 5：物种出现记录

在全球生物多样性信息网络（GBIF）查询 2011 年以来中国的"物种出现记录"。2013—2017 年，该指标数量持续增加，从 2013 年的 195.9 万条增加到 2017 年的 214.9 万条（图 3-79）。

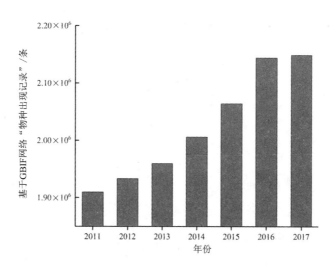

图 3-79　基于 GBIF 的"物种出现记录"

数据来源：https://www.gbif.org/occurrence/ search? country= CN

（3）进展评估

有关该目标的 5 个响应指标均呈现增长趋势（图 3-80），表明中国"正在实现"该目标（表 3-20）。

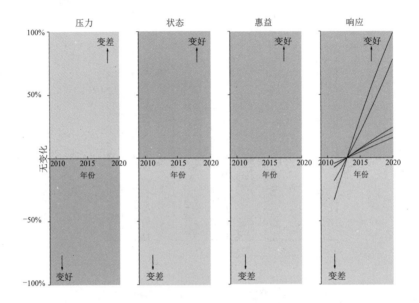

图 3-80　爱知目标 19 下相关指标的变化趋势

表 3-20　爱知生物多样性目标 19 进展评估的信息收集

项　目	内　容
评估完成日期	2018 年 6 月
评估本目标的指标清单	有关生物多样性保护的论文数量、不同年份通过百度检索到有关中国生物多样性的条目、国家研发投入占 GDP 的比例、生物多样性研究领域相关的专利申请及物种出现记录
进展评估相关证据的信息	中国知网（www.cnki.net）、SCI 数据库（ISI Web of Science）和 GIBF（https://www.gbif.org），生态环境部、农业农村部等部委网站
评估的置信水平	基于全面证据
支撑评估的监测信息的充分性	充分
指标如何监测	数据来自相关部委网站、引文数据库、专利数据库，年度更新
	与监测系统相关的额外信息：暂无

目标 20

最迟到 2020 年，依照"资源调集战略"商定的进程，用于有效执行《战略与行动计划》而从各种渠道筹集的财务资源将较目前水平有大幅提高。

（1）背景

《公约》第二十条规定，发达国家缔约方应提供新的额外的资金，以使发展中国家缔约方能支付它因执行那些履行本公约义务的措施而承担议定的全部增加费用，并使它能享受本公约条款产生的惠益。中国是世界上最大的发展中国家。中国大幅度、多渠道增加用于执行战略计划的资金，提升各级政府保护和可持续利用生物多样性的能力。采用"国家和省级生态保护资金投入"来反映中国用于保护和可持续利用生物多样性的资金投入情况。

（2）现状与趋势

指标：国家和省级生态保护资金投入

近年来，各地区、各有关部门有序推进生态保护补偿机制建设，取得了阶段性进展。自 2000 年以来，中国生态保护资金投入呈上升趋势。森林生态效益补偿资金从 2001 年的 10 亿元增加至 2015 年的 156 亿元，增加近 15 倍。草原生态保护补助奖励从 2011 年的 136 亿元增加至 2016 年的 187.6 亿元，增加 37.94%（图 3-81）。

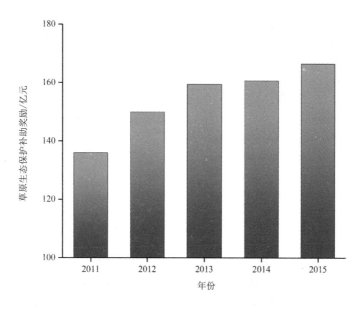

图 3-81　国家和省级草原生态保护资金投入

数据来源：有关部委网站

（3）进展评估

中国是世界上最大的发展中国家。中国大幅度增加用于执行国家生物多样性保护战略与行动计划的资金（图3-82）。中国"正在实现"该目标（表3-21）。

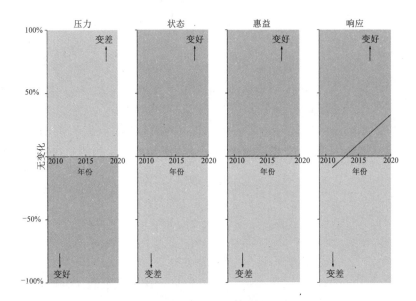

图 3-82　爱知目标 20 下相关指标的变化趋势

表 3-21　爱知生物多样性目标 20 进展评估的信息收集

项　目	内　容
评估完成日期	2018 年 6 月
评估本目标的指标清单	国家和省级生态保护资金投入
进展评估相关证据的信息	相关网站和文件
评估的置信水平	基于部分证据
支撑评估的监测信息的充分性	部分充分（仅涵盖森林、草地生态补偿资金）
指标如何监测	来自有关部委网站的统计数据
	与监测系统相关的额外信息：暂无

3.2　中国实施爱知生物多样性目标的总体进展

采用评估指标，评估爱知生物多样性目标的实施进展。基于长时间序列数据的分析结果表明：爱知目标的相关评估指标均有不同程度的改善，表明中国在实施爱知目标方面取得积极进展。其中，中国正在超越目标 14（恢复和保障重要生态系统服务）、目标

15（增加生态系统的复原力和碳储量）和目标 17（实施《战略与行动计划》）；正在实现目标 1、目标 2、目标 3、目标 4、目标 5、目标 7、目标 8、目标 11、目标 13、目标 16、目标 18、目标 19 和目标 20；但目标 6（可持续渔业）、目标 9（防止和控制外来入侵物种）、目标 10（减少珊瑚礁和其他脆弱生态系统的压力）和目标 12（保护受威胁物种）虽取得一定进展，但速度缓慢。今后，应进一步完善生物多样性保护与可持续利用的政策措施，重点关注草地生态系统、海洋生态系统和其他脆弱生态系统以及受威胁物种的保护，提高自然保护地的生态代表性和管理有效性，严防生境退化和破碎化、生物遗传资源流失和外来物种入侵。

总体上，中国在实现 2020 年生物多样性目标方面，正沿着正确的轨道积极推进并取得积极进展。但需要在 2020 收官年之前，下更大的决心，采取更为有效的措施和行动，投入更多的资源，才能圆满实现 2020 年目标。同时，今后应进一步开发可持续能源生产和消费及其影响、可持续水产养殖业、防止和控制外来入侵物种、珊瑚礁的生物多样性、海洋酸化、气候变化对生物多样性影响等方面的指标。

3.3　土著人民和地方社区对实施爱知生物多样性目标的贡献

中国有 56 个民族，在数千年的实践中，创造了丰富的保护和持续利用生物多样性的传统知识、创新和实践。中国劳动人民在 7 000 年的农业实践中，培育和驯化了大量的农作物、家畜、家禽、鱼等优良品种资源。在中国栽培的 600 种作物中，有近 300 种直接起源于中国，或者是已有 1 000 年以上栽培历史的引进物种。中国传统医学是中华民族在长期的医疗、生活实践中，不断积累、反复总结而逐渐形成的具有独特理论风格的医学体系。中国传统医学是中国各民族医学的统称，主要包括汉族（中）医学、藏族医学、蒙古族医学、维吾尔族医学、壮族医学等民族医学。在中国传统医学中，由于汉族人口最多、文字产生最早、历史文化较长，汉医学形成了自己完备独特的理论与临床体系。中医药是目前世界上保存最为完整、流传最为悠久的传统医药体系。在几千年的历史长河中，中华民族创造了以"天人合一"、辩证治疗和简、便、验、廉为特点的中医药理论体系和医疗模式，仅秘方、验方就达 30 万首，药典记载的有 6 万首。除了中医药，各少数民族传统医药也是绚丽多彩，著名的有藏医药、蒙医药、苗医药、侗医药和傣医药等。中国地域广阔，民族众多，由于自然条件复杂，地理、资源和文化的差异，各地区和民族还创造出种类繁多的持续利用生物资源的传统适用技术，包括农业生产和其他与生物资源相关产业的传统技术、革新与做法，体现生物多样性保护和持续利用的民间艺术、传统宗教文化，如民族图腾、神山、神林、风水地等。已有研究表明，文化多样性对生物多样性具有保护和促进作用，如傣族的贝叶文化和佛寺文化对植物多样性的保护和可持续利用具有重要作用。据统计，西双版纳与佛教活动密切相关的植物有 100 种以上，91 种植物在佛寺中得到了保存和恢复，有效保护了植物资源和物种多样性。彝族的图腾文化对云南紫溪山的森林生态系统、生物物种、遗传资源的保护都起着十分重要的作用。瑶族和黎族的生产方式、宗教、习惯和文化艺术等传统知识促进了生物多样性的保护和可持续利用。在公众参与方面，中国的地方社区积极参与自然保护区建设、重大生态工程建设、污染防治攻坚战等与生物多样性相关的保护行动。自然保护区管理机构通过"社区共管"，与当地及周边社区共同管理自然保护区自然资源，破解了保护区人地矛盾难题，对自然保护区事业健康发展发挥了十分关键的作用。例如，2014 年在 GEF/IFAD（全球环境基金 / 国际农业发展基金）以及财政部、国家林业局湿地生态效益补偿试点资金等项目的支持下，实施了哈巴湖自然保护区内生态环境和农牧民社区共管项目，并逐步落实了社区群众替代生计项目，改变了社区群众的生产经营结构，降低了农牧民对保护区资源的依存度。在中国实施的一批重大生态保护与修复工程中，社区居民广泛参与天然林资源保护、生态公益林管护、退耕还林还草和清洁能源改造，使工程区内资源和生物多样性得到有效保护。在污染防治攻坚战中，地方社区积极参与环境整治活动，社区公众通过微博、微信、电子邮件等多种方式为污染治理建言献策，充分发挥了公众参与生态环境治理的力量和优势。

总之，中国各民族人民在长期的生产和生活过程中以及在保护和利用生物资源的过程中所创造出的传统知识、思想观念、技术创新、文化习俗和习惯做法等，对于目标 4（可持续生产和消费）、目标 5（生境丧失减半或减少）、目标 7（可持续的农业、水产养殖业和林业）、目标 8（控制环境污染）、目标 11（强化保护区系统和有效管理）、目标 14（恢复和保障重要生态系统服务）和目标 15（生态系统的恢复和复原力）等爱知目标的实现发挥了极其重要的作用。

第四章
对 2030 年可持续发展目标的贡献

4.1 中国对 2030 年可持续发展目标的贡献

中国高度重视 2030 年可持续发展议程，2016 年 3 月举行的第十二届全国人民代表大会第四次会议审议通过了"十三五"规划纲要，将可持续发展议程与中国国家中长期发展规划进行有机结合。目前可持续发展议程各项落实工作已经在中国全面展开。针对2030 年可持续发展目标，我国在生物多样性领域开展了大量工作，并做出了重要的贡献（表 4-1）。

4.2 中国实施 2030 年可持续发展目标的总体进展

生物多样性是人类赖以生存的条件，是社会可持续发展的物质基础。结合本报告第二章、第三章的评估结果以及本章 4.1 节的分析，中国在生物多样性领域落实 2030 年可持续发展目标方面总体取得积极进展，其中目标 1、目标 2、目标 3、目标 4、目标 6、目标 8、目标 10、目标 12、目标 13 和目标 15 等 10 个目标实施进展良好。2016 年 9 月，中国政府发布的《中国落实 2030 年可持续发展议程国别方案》指出，中国在 21 世纪的头 15 年成功落实联合国千年发展目标，取得了令人瞩目的发展成就。经济快速发展，农业和减贫领域成就显著。社会事业取得巨大进步，九年免费义务教育全面普及，已逐步建立起政府主导、社会力量参与、较为健全的社会保障和救助制度体系。作为南南合作的主要参与方，中国在加强全球发展伙伴关系方面取得了巨大的成绩，为全球加快落实千年发展目标、推进国际发展合作做出了重要贡献。

作为全球最大的发展中国家，中国在落实 2030 年可持续发展目标的过程中仍面临艰巨的挑战。中国经济进入"新常态"，面临经济增速换挡、结构调整、新旧动能转换等多重挑战，保持经济持续、稳定、健康增长仍有不小压力，在脱贫攻坚、解决城乡和区域发展不平衡、补齐生态环境短板等方面有大量工作要做。如何消除贫困、改善民生、化解社会矛盾、实现共同富裕，完善国家治理体系、提高治理能力，以及实现各地区、各层次、各领域间的协同发展仍是中国实现可持续发展目标面临的最大挑战。

面向未来，中国将以 2016 年 9 月发布的《中国落实 2030 年可持续发展议程国别方案》为指导，贯彻创新、协调、绿色、开放、共享的发展理念，从战略对接、制度保障、社会动员、资源投入、风险防控、国际合作、监督评估等七个方面入手，继续全面深化改革开放，加快调整经济结构和转变发展方式，完善落实 2030 年可持续发展目标的体制、法律和政策保障，为 2030 年可持续发展目标的实现提供坚强有力的保障。

表 4-1　中国对 2030 年可持续发展目标的贡献

可持续发展目标	中国为实现该目标开展的主要工作	所取得的成果	所采用的主要指标	总体评估及变化趋势
目标 1：在全世界消除一切形式的贫困				
1.5 到 2030 年，增强穷人和弱势群体抵御灾害的能力，降低其遭受极端天气事件和其他经济、社会、环境冲击和灾害的概率和易受影响程度	(1) 实施天然林资源保护、退耕还林还草、退牧还草、防护林体系建设、河湖与湿地保护与修复、防沙治沙、水土保持、石漠化治理、野生动植物保护及自然保护区建设等一批重大生态保护与修复工程。 (2) 支持各地开展农村环境综合整治。2015 年，中央财政安排农村环保专项资金 60 亿元，支持 7.2 万个村庄完成环境综合整治，1.2 亿多农村人口直接受益	详见第二章 2.1 之（7）、第三章爱知目标 3 和目标 14 的说明	森林生态系统面积及比例	☺ 2000—2015 年森林生态系统面积增加 159 万公顷
			陆域生态系统的食物供给服务	☺ 10 年间增加 23.98%
			陆域生态系统的生态调节服务	☺ 显著改善
			农村居民家庭人均纯收入	☺ 2015 年比 2000 年增加 53.03%
			国家生态保护资金投入	☺ 2015 年森林生态效益补偿资金达到 156 亿元，2016 年草地生态效益补偿资金达到 187.6 亿元
			国家重点生态功能区转移支付县数和投入	☺ 2017 年，享受转移支付的县市已达 819 个，转移支付资金达 627 亿元
			重点生态工程贫困人口数量	☺ 重点生态工程区样本县脱贫人口达到 654 余万人
目标 2：消除饥饿，实现粮食安全，改善营养状况和促进可持续农业				
2.1 到 2030 年，消除饥饿，确保所有人，特别是穷人和弱势群体，包括婴儿，全年都有安全、营养和充足的食物	全国面粮油、肉蛋奶、果菜茶等供应充足。健全针对困难群体的动态社会保障兜底机制，确保所有人全年都有安全、营养和充足的食物	详见第三章爱知目标 14 的说明	陆域生态系统的食物供给服务	☺ 10 年间增加 23.98%

可持续发展目标	中国为实现该目标开展的主要工作	所取得的成果	所采用的主要指标	总体评估及变化趋势
2.3 到 2030 年，实现农业生产力翻倍和小规模粮食生产者，特别是妇女、土著人民、农户、牧民和渔民的收入翻番，具体做法包括确保平等获得土地、其他生产资源和要素、知识、金融服务、市场以及增值和非农就业机会	提高农业技术装备和信息化水平，提高农业生产力水平。以保障主要农产品供给、促进农民增收、实现农业可持续发展为重点，完善强农、惠农、富农政策。银行业金融机构加强对农户以及农业经营主体的信贷支持	详见第三章爱知目标 14 的说明	农村居民家庭人均纯收入	☺ 2015 年比 2000 年增加 53.03%
2.4 到 2030 年，确保建立可持续粮食生产体系并执行具有抗灾能力的农作方法，以提高生产力和产量，帮助维护生态系统，加强适应气候变化、极端天气、干旱、洪涝和其他灾害的能力，逐步改善土地和土壤质量	执行《全国农业可持续发展规划（2015—2030 年）》。基本确立供给保障有力、资源利用高效、产地环境良好、生态系统稳定、农民生活富裕、田园风光优美的农业可持续发展新格局。大力发展生态友好型农业，实施化肥农药使用量零增长行动，实施循环农业示范工程，创建农业可持续发展试验示范区	积极推动农业发展，到 2016 年，中国有机农业土地面积已经超过 220 万公顷，在世界排名前五，居亚洲首位。中国推进农业可持续发展的具体情况见爱知目标 7 的相关说明	有机农业用地面积占农业用地面积百分比	☺ 2000—2016 年，增加 227.72 万公顷
			农业野生植物原生境保护区（点）数量	☺ 2015 年达到 196 个
2.5 到 2020 年，通过在国家、区域和国际层面建立管理得当、多样化的种子和植物库，保持种子、种植作物、养殖和驯养的动物及与之相关的野生物种的基因多样性；根据国际商定原则获取及公正、公平地分享利用遗传资源和相关传统知识产生的惠益	建设国家种质资源收集保存和研究体系，科学规划和建设生物资源保护库体系，建设野生动植物种质群体保育基地和基因库	详见第二章 2.1 之（6）和第三章爱知目标 13 的说明	农作物遗传资源保有量	☺ 截至 2015 年，共保存各类农作物种质资源 470 295 份
			畜禽遗传资源保有量	☺ 2011—2015 年，国家级畜禽遗传资源保种场、保护区、基因库数量由 119 个增加至 187 个
			林木遗传资源保有量	☺ 建立一批林木种质资源保存库，保存树种 2 000 多种
			地方品种资源保存数量	☺ 截至 2017 年，保护了 249 个地方畜禽品种

续表

可持续发展目标	中国为实现该目标开展的主要工作	所取得的成果	所采用的主要指标	总体评估及变化趋势
目标 3：确保健康的生活方式，提高各年龄段人群的福祉				
3.9 到 2030 年，大幅减少危险化学品以及空气、水和土壤污染导致的死亡和患病人数	加大危险化学品污染防治力度，统筹推进工业、农业、生活废弃物资源化利用和无害化处置。改革环境治理基础制度，建立覆盖所有固定污染源的排放许可制。开展环保督察巡视，严格环保执法	详见第二章 2.1 之（8）、第三章爱知目标 4 和目标 8 的说明	主要污染物排放总量	☺ 2000 年以来，废水排放量呈上升趋势，而化学需氧量和氨氮排放量呈逐年下降趋势。2011—2016 年，废气烟（粉）尘排放量、二氧化硫排放量和氮氧化物排放量总体呈明显下降趋势；工业固体废物排放量呈下降趋势
			城市集中式饮用水水源地水质达标率	☺ 2016 年上升到 90.4%
			烟气脱硫装机组容量及其占全部火电机组容量的比例	☺ 从 2013 年的 90.06% 增加到 2016 年的 93.6%
目标 4：确保包容和公平的优质教育，让全民终身享有学习机会				
4.7 到 2030 年，确保所有进行学习的人都掌握可持续发展所需的知识和技能，具体做法包括开展可持续生活方式、可持续发展、人权和性别平等方面的教育，弘扬和平非暴力文化、提升全球公民意识，以及肯定文化多样性和文化对可持续发展的贡献	深化教育改革，提高教育质量，加强学校体育和艺术教育，把增强学生社会责任感、创新精神、实践能力作为重点任务贯彻到国民教育全过程。性别平等原则和理念在各级各类学校教育中得到过程中得到充分体现	详见第二章 2.1 之（12）和（13）、第三章爱知目标 1 和目标 19 的说明	不同年份通过百度检索到有关中国生物多样性的条目	☺ 呈大幅上升趋势
			有关生物多样性保护的论文数量	☺ 1993—2017 年呈增加趋势
			国家研发投入占 GDP 的比例	☺ 1997—2017 年，国家研发投入占 GDP 的比例由 0.64% 提高到 2.12%
			生物多样性研究领域的专利申请	☺ 2014—2017 年，每年生物多样研究领域的专利申请数均达 120 件以上

续·表

目标 6：为所有人提供水和环境卫生并对其进行可持续管理

可持续发展目标	中国为实现该目标开展的主要工作	所取得的成果	所采用的主要指标	总体评估及变化趋势
6.3 到 2030 年，通过以下方式改善水质：减少污染、消除倾倒废物现象，把危险化学品和材料的排放减少到最低限度，将未经处理的废水比例减半，大幅增加全球废物回收和安全再利用	落实《水污染防治行动计划》，大幅度提升重点流域水质优良比例、废水达标处理比例、近岸海域水质优良比例。加强重点水功能区和入河排污口监督监测，强化水功能区分级分类管理	详见第二章 2.1 之（8）、第三章爱知目标 4 和目标 8 的说明	主要污染物排放总量 地表水水质优良（Ⅰ～Ⅲ类）水体比例 城市集中式饮用水水源地水质达标率	☺ 2000 年以来，废水排放量呈上升趋势，而化学需氧量和氨氮排放量呈逐年下降趋势 ☺ 2013～2018 年，优良水体比例从 71% 上升到 82.14% ☺ 2016 年上升到 90.4%
6.5 到 2030 年，在各级进行水资源综合管理，包括酌情开展跨境合作	完善流域管理与行政区域管理相结合的水资源管理体制，强化流域综合管理在水治理中的作用	（1）初步形成以湿地自然保护区为主体的湿地保护体系。截至 2018 年年初，中国已建成湿地自然保护区 602 个，国家湿地公园试点 898 个，湿地保护率达到 49.03%。 （2）通过保护和恢复生物多样性的国家行动，2000—2015 年，陆域生态系统水源涵养功能提高 0.82%。 （3）水资源综合管理的法律法规体系日臻完善。2015 年以来，中国先后出台《湿地保护修复制度方案》和《关于全面推行河长制的意见》等一系列与水资源管理相关的政策，修订后的《水土保持法》正式施行。 （4）批准实施《全国重要江河湖泊水功能区划（2011—2030 年）》《全国水土保持规划（2015—2030 年）》《水质较好湖泊生态环境保护总体规划（2013—2020 年）》等，这些都不同程度地推动了中国水资源管理工作	湿地公园数量 陆域生态系统水调节服务	☺ 2013～2017 年，国家湿地公园试点从 429 个增加到 898 个 ☺ 2000—2015 年，陆域生态系统水源涵养量从 1.22 万亿立方米增加到 1.23 万亿立方米

续 表

可持续发展目标	中国为实现该目标开展的主要工作	所取得的成果	所采用的主要指标	总体评估及变化趋势
6.6 到 2020 年，保护和恢复与水有关的生态系统，包括山地、森林、湿地、河流、地下含水层和湖泊	构建国家生态安全框架，实施湖与国家湿地保护基地，水土保持等一批重大生态保护与修复工程，保护和恢复与水有关的生态系统，地下水超采问题较严重地区开展治理行动	详见第二章 2.1 之（7）和（8）、第三章爱知目标 8 的说明	主要污染物排放总量	☺ 2000 年以来，废水排放量呈上升趋势，而化学需氧量和氨氮排放量呈逐年下降趋势
			森林生态系统面积及比例	☺ 2000—2015 年，森林生态系统面积增加 159 万公顷
			湿地面积及比例	☺ 2000—2015 年，湿地面积增加 165 万公顷
			地表水水质优良（Ⅰ~Ⅲ类）水体比例	☺ 2013—2018 年，优良水体比例从 71% 上升到 82.14%
目标 8：促进持久、包容性和可持续经济增长，促进充分的生产性就业和人人获得体面工作				
8.4 到 2030 年，逐步改善全球消费和生产使用资源使用效率，按照《可持续消费和生产模式方案十年框架》，努力使经济增长和环境退化脱钩，发达国家应在上述工作中做出表率	落实《可持续消费和生产模式方案十年框架》。提高资源利用效率，在保持经济中高速增长的同时，持续改善环境质量，努力使经济增长与环境退化脱钩	详见第二章 2.1 之（8）、第三章爱知目标 4 和目标 8 的说明	污染物排放量	☺ 总体减少，但废水排放在增加
			单位 GDP 污染物排放量	☺ 2000 年以来大幅下降
			单位 GDP 能耗	☺ 2011—2017 年，万元国内生产总值能耗累计降低 25.3%
			清洁能源占比	☺ 2011—2017 年呈上升趋势，从 13% 上升到 2017 年的 20.8%

续　表

可持续发展目标	中国为实现该目标开展的主要工作	所取得的成果	所采用的主要指标	总体评估及变化趋势
目标 10：减少国家内部和国家之间的不平等				
10.1 到 2030 年，逐步实现和维持最底层 40% 人口的收入增长，并确保其增长率高于全国平均水平	实行有利于缩小收入差距的政策，明显提高低收入劳动者收入。调整国民收入分配格局，规范初次分配，加大再分配调节力度	中国政府不断出台生态补偿的相关政策，持续加强重点生态功能区转移支付以及森林生态效益补偿、草原生态保护补助奖励和湿地生态补偿等方面的投入	国家及省级层面出台的生态补偿及相关政策的数量	1998 年以来呈增加趋势
			森林生态补偿面积及投入	2001—2016 年，累计安排森林生态效益补偿资金 1 121 亿元
				2016 年达 187.6 亿元，相比 2013 年上涨了 17.65%
			草原生态保护补助奖励	2016 年，用于实施退耕还湿和湿地生态补偿 5 亿元
			湿地生态补偿	
			国家重点生态功能区转移支付县数和投入	截至 2017 年，享受转移支付的县市已达 819 个，转移资金达 627 亿元
目标 11：建设包容、安全、有抵御灾害能力和可持续的城市和人类住区				
11.4 进一步努力保护和捍卫世界文化和自然遗产	执行《文物保护法》《非物质文化遗产法》《风景名胜区条例》《博物馆条例》，保护和捍卫世界文化和自然遗产	截至 2017 年年底，中国有 42 处国家级风景名胜区和 10 处省级风景名胜区被联合国教科文组织列入《世界遗产名录》	风景名胜区数量和面积	截至 2017 年年底，设立国家级风景名胜区 244 处，面积约 1 066 万公顷

续表

可持续发展目标	中国为实现该目标开展的主要工作	所取得的成果	所采用的主要指标	总体评估及变化趋势
11.5 到 2030 年，大幅减少包括水灾在内的各种灾害造成的死亡人数和受灾人数，大幅减少上述灾害造成的与全球国内生产总值有关的直接经济损失，重点保护穷人和处境脆弱群体	依照《突发事件应对法》《地质灾害防治条例》《道路交通安全法》《森林防火条例》《气象法》等法律法规科学减灾，重点保护受灾弱势群体。按照全面规划，统筹兼顾，预防为主，综合治理，局部利益服从全局利益的原则做好防洪工作，大幅减少洪灾造成的死亡人数，受灾人数和经济损失	在保护和恢复生物多样性的同时，当地社区福祉也在改善。农村居民家庭人均纯收入 2015 年比 2000 年增加了 53.03%	由于生物多样性的存在而减少的自然灾害的死亡人数、受灾人数、受灾人数和经济损失	☺ ……
11.6 到 2030 年，减少城市的人均负面环境影响，包括特别关注空气质量，以及城市废物管理等	积极推动城乡绿化建设，人均公园绿地面积持续增加。全面提升城市生活垃圾处理水平，全面推进农村生活垃圾治理，不断提高治理质量。制定城市空气质量达标计划，提高城市空气质量	2017 年，全国 338 个地级及以上城市可吸入颗粒物（PM_{10}）平均浓度比 2013 年下降 22.7%，京津冀、长三角、珠三角区域细颗粒物（$PM_{2.5}$）平均浓度比 2013 年分别下降 39.6%、34.3%、27.7%，北京市 $PM_{2.5}$ 平均浓度从 2013 年的 89.5 微克/米³ 降至 58 微克/米³	主要污染物排放总量	☺ 2000 年以来，废水排放量，而化学需氧量和氨氮排放量呈逐年下降趋势。2011—2016 年，废气烟（粉）尘排放量，二氧化硫排放量总体呈下降趋势，氮氧化物排放量明显下降趋势；工业固体废物排放量呈下降趋势
11.7 到 2030 年，向所有人，特别是妇女、儿童、老年人和残疾人，普遍提供安全、包容、无障碍、绿色的公共空间	严格控制城市开发强度，保护城乡绿色生态空间。结合水体湿地修复治理，道路交通系统建设，风景名胜资源保护等工作，推进城乡绿带、环保廊道、生态廊道建设	截至 2016 年，全国城市建成区绿地率达 36.4%，人均公园绿地面积达 13.5 平方米	城市集中式饮用水水源地水质达标率	☺ 2016 年上升到 90.4%

续　表

可持续发展目标	中国为实现该目标开展的主要工作	所取得的成果	所采用的主要指标	总体评估及变化趋势
目标 12：采用可持续的消费和生产模式				
	控制能源资源消费总量，推动能源资源利用结构优化，大幅提高二次能源资源利用。加快构建自然资源资产产权制度，建立健全生态环境损害评估和赔偿制度。大幅提高能源资源利用效率，全面落实最严格水资源管理制度		单位 GDP 污染物排放量	☺ 2000 年以来大幅下降
12.2 到 2030 年，实现自然资源的可持续管理和高效利用		详见第二章 2.1 之（8）和第三章爱知目标 4 的说明	单位 GDP 能耗	☺ 2011—2017 年，万元国内生产总值能耗累计降低 25.3%
			清洁能源占比	☺ 2011—2017 年呈上升趋势，从 13% 上升到 2017 年的 20.8%
12.5 到 2030 年，通过预防、减排、回收和再利用，大幅度减少废物的产生	大力发展循环经济，宣传、鼓励和促进节约型消费方式。通过预防、减量、循环和再利用，大幅减少废物的产生，主要废弃物循环利用水平显著提升	详见第二章 2.1 之（8）和第三章爱知目标 4 的说明	主要污染物排放总量	☺ 2000 年以来，废水排放量呈上升趋势，而化学需氧量和氨氮排放量呈逐年下降趋势。2011—2016 年，废气烟（粉）尘排放量，二氧化硫排放量和氮氧化物排放总体呈明显下降趋势；工业固体废物排放量呈下降趋势
12.8 到 2030 年，确保全国各国人民都能获取关于可持续发展以及与自然和谐的生活方式的信息并具有上述意识	推动绿色教育，帮助全民牢固树立生态文明观念，努力建设资源节约型、环境友好型社会	详见第二章 2.1 之（12）和（13）、第三章爱知目标 1 和目标 19 的说明	不同年份通过百度检索到有关中国生物多样性的条目	☹ 呈大幅上升趋势
			有关生物多样性保护的论文数量	☺ 呈增加趋势

续表

可持续发展目标	中国为实现该目标开展的主要工作	所取得的成果	所采用的主要指标	总体评估及变化趋势
目标 13：采取紧急行动应对气候变化及其影响				
13.1 加强各国抵御和适应气候相关的灾害和自然灾害的能力	主动适应气候变化，在农业、林业、水资源等重点领域和城市、沿海、生态脆弱地区形成有效抵御气候变化风险的机制和能力。逐步完善预测预警和防灾减灾体系，加快实现气象灾害预警信息的全覆盖，全面提高适应气候变化的复原力建设	（1）中国积极鼓励在可再生能源和节能措施上的投资，大幅提高对太阳能、风能和水电等清洁能源的投资，降低对煤炭的依赖程度。 （2）中国的碳排放量在 2014 年下降，是 2001 年以来首次同比下降。 （3）中国政府认真落实气候变化领域南南合作政策承诺，于 2015 年 9 月设立中国气候变化南南合作基金，帮助发展中国家提高应对气候变化能力建设	单位 GDP 碳排放量	😊 从 2007 年的 2.60 吨/万元下降到 2017 年的 1.30 吨/万元，年平均下降 0.13 吨/万元
13.2 将应对气候变化的举措纳入国家政策、战略和规划	将落实"国家自主贡献"纳入国家战略和规划，制定《十三五》控制温室气体排放工作方案，把应对气候变化作为转变经济增长方式和社会消费方式、加强环境保护和生态建设的新的重要驱动力	制定并实施了《国家应对气候变化规划（2014—2020年）》。研究提出中国 2020 年后控制温室气体排放行动目标，提出 2030 年前后二氧化碳排放达到峰值等目标任务。初步建立国家、地方、企业三级温室气体排放统计核算体系，启动实施低碳产品认证制度，连续两年开展省级人民政府碳排放目标责任评价考核，督促各地完成碳强度下降目标		

续　表

可持续发展目标	中国为实现该目标开展的主要工作	所取得的成果	所采用的主要指标	总体评估及变化趋势
目标 14：保护和可持续利用海洋和海洋资源以促进可持续发展				
14.1 到 2025 年，预防和大幅减少各类海洋污染，包括陆上活动造成的污染，包括海洋废弃物污染和海洋营养盐污染	推进陆海污染防联控和综合治理，开展入海河流污染治理和入海直排口清理整顿，严格控制船舶、海上养殖、海上污染、海洋废弃物倾倒等海上污染，逐步开展重点海域污染物总量控制度试点，逐渐提高 I 类、II 类水质标准的海域面积	详见第二章 2.1 之（8），第三章爱知目标 4 和目标 8 的说明	主要污染物排放总量	😊 2000 年以来，废水排放量呈上升趋势，而化学需氧量和氨氮排放量呈逐年下降趋势。2011—2016 年，废气烟（粉）尘排放量、二氧化硫排放量和氮氧化物排放量总体呈明显下降趋势；工业固体废物排放量呈下降趋势
14.2 到 2020 年，通过加强抵御灾害能力等方式，可持续管理和保护海洋和沿海生态系统，以免产生重大负面影响，并采取行动帮助它们恢复原状，使海洋保持健康、物产丰富	实施基于生态系统的海洋综合管理，加大重要典型生态系统的保护，健全完善海洋保护区网络体系。建设国家海洋环境实时在线监控体系，探索海洋生态补偿及赔偿机制等方面的研究	（1）落实深化改革任务，健全完善制度体系。修订《海洋环境保护法》等，《海洋倾废管理条例》和《全国海洋生态环境保护规划（2017—2020 年）》等 （2）推动重大工程建设，夯实技术支撑能力基础。加强在线监测数据传输网络和实时监控信息系统建设，开展各级海洋在线监测设备联网工作，初步实现在线监控"一张网"。 （3）加强保护区建设管理，截至 2015 年底，共建有国家级海洋自然／特别保护区 67 个，初步形成了包含特殊地理条件保护区、海洋生态保护区、海洋资源保护区和海洋公园等多种类型的海洋特别保护区网络体系	氮盈余 海洋营养指数 海洋特别保护区数量和面积	😊 2006—2016 年，从 2 178 万吨下降到 1 851 万吨 😐 2009—2016 年，中国海洋营养指数逐渐下降 😊 呈增加趋势

续表

可持续发展目标	中国为实现该目标开展的主要工作	所取得的成果	所采用的主要指标	总体评估及变化趋势
14.3 通过在各层级加强科学合作等方式，减少和应对海洋酸化的影响	综合施策，尽可能减少海洋酸化的影响领域和范围。科学评估气候变化和人类活动对于海洋环境变化的影响，实施更加有效的应对方案	制定并实施《国家适应气候变化战略》。在生产力布局、基础设施、重大项目规划设计和建设中考虑气候变化因素，适应气候变化特别是应对极端气候事件能力逐步加强	气候变化和人类活动对于海洋酸化的影响	(…)
14.4 到2020年，有效规范捕捞活动，终止过度捕捞、非法、未报告和无管制的捕捞以及破坏性捕捞做法，执行科学的管理计划，以便在尽可能短的时间内使鱼群量至少恢复到其生态特征允许的能产生最高可持续产量的水平	提升渔业资源的保护管理能力，执行科学的渔业资源管理计划，严格控制捕捞强度，实施休渔制度，可持续利用现有渔业资源	详见第二章2.1之（5）和第三章爱知目标6的说明	海洋营养指数 海洋生物多样性指数 鱼类红色名录指数	☹ 2009—2016年，中国海洋营养指数逐渐下降 (…) 波动性变动 ☺ 2009—2015年，中国鱼类的RLI下降
14.5 到2020年，根据国内和国际法，并基于现有的最佳科学资料，保护至少10%的沿海和海洋区域	科学编制海洋功能区划，完善海洋生态同海域海洋功能。加强沿海和海洋自然保护区建设。大幅度提高全国自然保护区域面积比例，将自然岸线保护纳入沿海地方政府政绩考核。到2020年，海洋保护区面积占中国管辖海域面积的比例达到5%，自然岸线保有率不低于35%	（1）国务院批准实施《全国海洋主体功能区规划》和《全国海洋功能区划（2011—2020年）》等一系列规划，推动了沿海和海洋的保护工作。（2）"十二五"时期，中国海洋保护区占辖海域面积的比例由2010年的1.1%提升到2015年的3%，大陆自然岸线保有率有率36%	海洋特别保护区面积 大陆自然岸线保有率	呈增加趋势 (…)

续　表

可持续发展目标	中国为实现该目标开展的主要工作	所取得的成果	所采用的主要指标	总体评估及变化趋势
14.6 到 2020 年，禁止某些助长过剩产能和过度捕捞的渔业补贴，取消助长非法、未报告和无管制捕捞活动的这类补贴，避免出台新的这类补贴，同时承认给予发展中国家和最不发达国家合理、有效的特殊和差别待遇应是世界贸易组织渔业补贴谈判的一个不可或缺的组成部分	出台"十三五"海洋渔船控制目标和政策和政策措施，修订《渔业捕捞许可管理规定》，推动国内捕捞业可持续发展。到 2020 年，保持对非法、未报告和无管制捕捞活动打击力度，严禁一切对上述非法、未报告和无管制捕捞活动的补贴，逐步降低燃油补贴，重点支持减船转产、人工鱼礁、渔港维护改造、池塘标准化改造等。加强渔民社会保障，促进渔民脱贫。积极参与世贸组织渔业补贴谈判	（1）休渔减船，养护海洋渔业资源。调整伏季休渔时间，减船转产，清理整治"绝户网"和涉渔"三无"船舶，保护幼鱼资源，捍卫伏季休渔成果。截至 2017 年 8 月底，全国减船数量达到 4 054 艘，压减功率 33 万千瓦，完成了下达的分年度减船任务。据不完全统计，截至 2017 年 6 月底，全国累计取缔"三无"船舶 2.6 万艘，清理违规渔具 90 余万张（顶）。（2）目前，全国已建成国家级海洋牧场示范区 42 个，海洋牧场 233 个，覆盖海域面积超过 8.5 万公顷。增殖放流各类水生生物苗种 1 429 亿单位。（3）转产转业，提升渔民收入水平。休闲渔业成为渔业新的增长点。2016 年，15 处省级海钓基地年接待游客 117 万人次，直接经营收入达 2.6 亿元，带动旅游消费 25 亿元	可持续渔业	（…）
14.7 到 2030 年，增加小岛屿发展中国家和最不发达国家通过可持续利用海洋资源获得的经济收益，包括可持续管理渔业、水产养殖业和旅游业	通过南南合作向最不发达国家和小岛屿国家提供水产养殖技术支持，包括推广养殖节能减排、循环水养殖技术、网箱养殖减排技术等，推动可持续渔业管理和旅游方面的南南合作	2011—2015 年，中国共安排 4.1 亿元资金用于支持小岛屿国家、最不发达国家、非洲国家等应对气候变化		

续 表

可持续发展目标	中国为实现该目标开展的主要工作	所取得的成果	所采用的主要指标	总体评估及变化趋势
目标15：保护、恢复和促进可持续利用陆地生态系统，可持续地管理森林，防治荒漠化，防治荒漠化，制止和扭转土地退化，遏制生物多样性的丧失				
15.1 到2020年，根据国际协议规定的义务，保护、恢复和可持续利用陆地和内陆的淡水生态系统及其服务，特别是森林、湿地、山麓和旱地	保障重要湿地及河口生态水位，保护与修复湿地与河湖生态系统，建立湿地保护体系和退化湿地保护修复制度，推进湿地合理利用。推进陆地自然保护区法制化体系建设，提高森林等自然资源的保护和利用水平，开展河湖健康评估，保护水生态系统	深入实施《水污染防治行动计划》，全国地表水优良水质断面比例达到67.9%，劣V类水体比例下降到8.3%，大江大河干流水质稳步改善。97.7%的地级及以上城市集中式饮用水水源完成保护区标志设置，93%的省级及以上工业集聚区建成污水集中处理设施，新增工业集聚区污水处理能力近1 000万米³/日，36个重点城市建成区的黑臭水体已基本消除。在96个畜牧养殖大县整县推进畜禽粪污资源化利用。农药使用量连续三年负增长，化肥使用量提前三年实现零增长。强化节水管理，全面实行水资源消耗总量和强度双控行动。加强港口船舶码头污染防治，开展全国陆源入海污染源分布排查，全面清理非法或设置不合理的入海排污口	国家级水产种质资源保护区 湿地公园数量 地表水质优良（Ⅰ~Ⅲ类）水体比例	☺持续增长 ☺2013—2017年，国家湿地公园试点从429个增加到898个 ☺2013—2018年，优良水体比例从71%上升到82.14%
15.2 到2020年，推动对所有类型森林进行可持续管理，停止毁林，恢复退化林和大幅增加全球植树造林和重新造林	开展大规模国土绿化行动，加强林业重点工程建设，全面停止天然林商业性采伐，保护和培育森林生态系统。完善退耕还林还草政策，探索建立政府购买社会服务开展造林、护林工作机制	详见第二章2.1之（7）、第三章爱知目标3、目标5和目标15的说明	活立木总蓄积量 天然林面积	☺2003年为136.18亿立方米，2013年为164.33亿立方米 ☺增加215万公顷

续 表

可持续发展目标	中国为实现该目标开展的主要工作	所取得的成果	所采用的主要指标	总体评估及变化趋势
15.3 到 2030 年，防治荒漠化，恢复退化的土地和土壤，包括受荒漠化、石漠化、水流失和洪涝影响的土地，努力建立一个不再出现土地退化的世界	参与《联合国防治荒漠化公约》土地退化零增长目标设定的示范项目。推进荒漠化、石漠化、土流失综合治理，预防土地沙化，不断拓展沙化土地治理范围，加强建立沙区生态保护和建设	详见第二章 2.1 之（7）、第三章爱知目标 5 和目标 15 的说明	重点生态工程区森林蓄积量	☺ 2013—2015 年提高了 2.98%～13.46%
			重点生态工程区草原植被覆盖度	☺ 比非工程区高出 10～32 个百分点
			沙化土地面积	☺ 2009—2014 年减少 99.02 万公顷
15.4 到 2030 年，保护山地生态系统，包括其生物多样性，加强山地生态系统的能力，使其能够带来对可持续发展必不可少的益处	全面提升山地自然生态系统稳定性和生态服务功能，筑牢生态安全屏障。建设国家森木种质资源保存库，形成标准化的种质资源保存体系。科学优化森林公园建设管理体系，促进森林多样性资源的分享和利用	详见第二章 2.1 之（5）、（6）和（7），第三章爱知目标 3、目标 5 和目标 15 的说明	森林公园数量和面积	☺ 建立国家级森林公园 881 处，规划面积 1 278.62 万公顷
			活立木总蓄积量	☺ 2003 年为 136.18 亿立方米，2013 年为 164.33 亿立方米
			天然林面积	☺ 2008 年为 1.20 亿公顷，2013 年为 1.22 亿公顷
			国家生态保护资金投入	☺ 2015 年森林生态效益补偿资金达到 156 亿元，2016 年草地生态效益补偿资金达到 187.6 亿元
15.5 采取紧急重大行动来减少自然栖息地的退化，遏制生物多样性的丧失，到 2020 年，保护受威胁物种，防止其灭绝	实施生物多样性保护重大工程。加强自然保护区建设和管理，加大典型生态系统、物种、基因和景观多样性保护力度。加强生态系统保护与修复资金投入，开展全国大规模的物种资源本底调查工作。建立全国生物多样性观测网络体系	详见第二章 2.1 之（5）、（6）和（7），第三章爱知目标 11 和目标 12 的说明	红色名录指数	☹ 总体下降
			地球生命力指数	☹ 1970—2010 年，中国陆生脊椎动物种群数量下降 49.71%

续 表

可持续发展目标	中国为实现该目标开展的主要工作	所取得的成果	所采用的主要指标	总体评估及变化趋势
15.6 根据国际共识、公正和公平地分享利用遗传资源产生的惠益，促进适当获取这类资源	逐步建立健全遗传资源保护与惠益分享方面的法律法规，公正、公平分享遗传资源利用产生的惠益。提高生物遗传资源保护投入，参与遗传资源获取和利用的国际合作	详见第二章 2.1 之（10）和第三章爱知目标 16 的说明	遗传资源获取与惠益分享指标	(···)
15.7 采取紧急行动，终止偷猎和贩卖受保护的动植物物种，处理非法野生动植物产品的供求问题	认真执行《野生动物保护法》和加快完善《国家重点保护野生动物名录》，优化全国野生动植物进出口管理，强化野生动植物进出口管理，严厉打击象牙等野生动物制品非法交易。修复和扩大濒危野生动植物栖息地，推进野生动物保护国际合作	详见第二章 2.1 之（11）的说明		
15.8 到 2020 年，采取措施防止引入外来入侵物种并大幅减少其对土地和水域生态系统的影响，控制或消灭其中的重点物种	积极参与有关防控外来物种入侵的国际公约，完善外来入侵物种名单和相关风险评估制度	详见第二章 2.1 之（9）和第三章爱知目标 9 的说明	每 10 年新发现的外来入侵物种种数	呈逐步上升趋势。1950 年后的 60 年间，新出现 311 种外来入侵物种
			口岸截获有害生物的种数和批次	上升趋势
			发布的外来入侵物种风险评估标准的数量	2008—2017 年颁布 65 项标准

续　表

可持续发展目标	中国为实现该目标开展的主要工作	所取得的成果	所采用的主要指标	总体评估及变化趋势
15.9 到 2020 年，把生态系统和生物多样性价值观纳入国家和地方规划、发展进程、减贫战略和核算	要求各级地方政府结合本地区实际情况，因地制宜地做好生态环境和生物多样性保护工作，并将有关工作同本地区中长期发展规划相结合	详见第二章 2.1 之 (1)、(2)，第三章爱知目标 2 的说明	与生物多样性保护和可持续利用相关的部门行政政策数量	☺ 将生物多样性保护纳入国家和地方各项工作中
15.a 从各种渠道动员并大幅增加财政资源，以保护和可持续利用生物多样性和生态系统	加强协调，增加基础设施和能力建设所需资金	详见第三章爱知目标 3 和目标 20 的说明	国家生态保护资金投入	☺ 2015 年森林生态效益补偿资金达到 156 亿元，2016 年草地生态效益补偿资金达到 187.6 亿元
15.b 从各种渠道大幅动员资源，从各个层级为可持续森林管理提供资金支持，并为发展中国家推进可持续森林管理，包括保护森林和重新造林，提供充足的激励措施	推进多元化筹集资源，引导企业和社会公众更深入参与，形成森林管理的长效资金机制。在南南合作框架下帮助其他发展中国家开展技术培训，提升森林资源利用率和森林经营管理水平。指导中国企业在境外开展可持续森林经营与管理	自 2000 年以来，中国生态保护资金投入呈上升趋势。森林生态效益补偿资金从 2001 年的 10 亿元增加至 2015 年的 156 亿元，增加近 15 倍	森林生态效益补偿资金	☺ 2001—2016 年，累计安排森林生态效益补偿资金 1 121 亿元
15.c 在全球范围加大支持力度，打击偷猎和贩卖受保护物种，包括增加地方社区实现可持续生计的机会	加强中国参加的国际贸易公约限制进出口物种的审查，严格《濒危野生动植物种国际贸易公约》证书管理。开展专项行动，遏制盗猎和非法贸易野生动物的犯罪势头。鼓励和引导野生植物人工培植产业发展	详见第二章 2.1 之 (11) 的说明	查获的非法贩卖保护物种的数量	⋯

可持续发展目标	中国为实现该目标开展的主要工作	所取得的成果	所采用的主要指标	总体评估及变化趋势
目标17. 加强执行手段、重振可持续发展全球伙伴关系				
17.3 从多渠道筹集额外金融资源用于发展中国家	积极参与南南合作，落实好南南合作援助基金，推动中国—联合国和平与发展基金新开发银行建设，发挥丝路基金作用，吸引国际资金共建开放多元共赢的金融合作平台	中国积极开展多边合作、双边合作和南南合作，取得可喜成果。中国积极参与生物多样性相关的公约谈判，认真履行相关义务。中国与50多个国家建立了广泛的对外合作和交流渠道，初步形成了以政府间合作为主的多元化合作体系。中国政府积极开展生多样性领域的南南合作，与众多发展中国家签署了生物多样性相关领域的合作协议		
17.6 加强在科学、技术和创新领域的南北、南南、三方区域合作和国际合作，加强按取得商定的条件共享知识，包括在联合国层面加强协调，特别是在联合国层面加强协调	推进中国落实2030年可持续发展议程创新示范区建设，形成可复制、可推广的可持续发展经验，同各方分享中国的发展理念和经验。加强中国与其他国家智能制造产业合作，加强与联合国工业发展组织等全球国际组织合作。积极参与全球技术促进机制相关工作			
17.7 以优惠条件，包括彼此商定的减让和特惠条件，促进发展中国家开发以及向其转让、传播和推广环境友好型的技术	与其他发展中国家在污染监测与防治技术等方面开展合作。在南南合作框架下促进先进适用技术向其他发展中国家转移及在当地转化运用			

续　表

可持续发展目标	中国为实现该目标开展的主要工作	所取得的成果	所采用的主要指标	总体评估及变化趋势
17.9 加强国际社会对在发展中国家开展高效的、有针对性的能力建设活动的支持力度，以支持各国落实可持续发展目标的国家计划，包括通过开展南北合作、南南合作和三方合作	通过南南合作与发展学院等平台为其他发展中国家学生提供学历教育培训计划。稳妥推进三方合作，同有关国家、国际组织在其他发展中国家开展能力建设项目，为其他发展中国家提供人员技能培训和发展经验分享			
17.14 加强可持续发展政策的一致性	推动二十国集团将发展问题置于全球宏观政策框架的突出位置，制定《二十国集团落实 2030 年可持续发展议程行动计划》。支持联合国在可持续发展领域发挥统筹协调的中心作用，同时鼓励其他国际组织和区域组织积极参与相关进程。推动各国加强可持续发展政策协调，开展经验交流、分享最佳实践	制定了《中国生物多样性保护战略和行动计划（2011—2030 年）》		

注：总体评估结论：☺表示状况有改善；≈表示状况变化很小或基本没有变化；☹表示状况在恶化；…表示没有足够数据。表中灰色部分表示无对应指标，未对这些可持续发展目标及子目标进行评估。

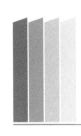

第五章
取得的经验、面临的问题和展望

5.1 主要经验和做法

（1）确立保护优先和绿色发展的战略

中国政府高度重视生物多样性保护工作。习近平总书记多次强调，"绿水青山就是金山银山""像保护眼睛一样保护生态环境，像对待生命一样对待生态环境""把修复长江生态环境摆在压倒性位置，共抓大保护、不搞大开发"。党的十八大以来，党中央、国务院把生态文明建设摆在更加重要的战略位置，纳入"五位一体"总体布局，做出一系列重大决策部署，出台《生态文明体制改革总体方案》《关于划定并严守生态保护红线的若干意见》《建立国家公园体制总体方案》等一系列重大生态环境保护政策，以环境保护优化经济发展、引导产业布局、"倒逼"结构转型，摒弃损害甚至破坏生态环境的发展模式，推动形成绿色发展方式和生活方式，坚定不移走生产发展、生活富裕、生态良好的文明发展道路。

（2）完善生物多样性保护体制机制

成立生物多样性保护国家委员会，加强对生物多样性保护的顶层设计和组织领导，统筹全国生物多样性保护工作。领导干部对本行政区域内的生态文明建设负总责。地方各级党委和政府坚决扛起生态文明建设和生态环境保护的政治责任，对本行政区域的生态环境保护工作及生态环境质量负总责。切实执行《战略与行动计划》，推进将生物多样性保护融入国家及地方各级经济和社会发展规划。构建国土空间开发保护制度，建立统一的空间规划体系和协调有序的国土开发保护格局。

（3）加大生态系统保护和修复力度

统筹开展全国生态保护与修复，启动山水林田湖草生态保护和修复工程，稳步实施天然林资源保护、退耕还林还草、退牧还草、防护林体系建设、河湖与湿地保护修复、防沙治沙、水土保持、石漠化治理、野生动植物保护及自然保护区建设等一批重大生态保护与修复工程。划定并严守生态保护红线，构建生物多样性保护网络，陆地自然保护区面积已达 18%，防止不合理开发建设活动对生物多样性的破坏。在中国主要海域和大江大河实施休渔期制度，沿长江水生生物保护区内实施禁渔制度。完善生态补偿机制，加大对森林、草原和湿地的保护力度，逐步扩大中央财政对国家重点生态功能区的转移支付，生态补偿资金和水平不断提高。森林覆盖率持续提高，生态环境治理明显加强，生态环境状况得到改善。

（4）科技创新支撑引领生态保护与修复

系统推进生态系统修复和石漠化、沙漠化防治科技创新，引领生态脆弱地区人民践行"两山论"。形成高寒退化草地治理的"三江源模式"，在青海三江源、青海湖环湖区、祁连山等地区推广；形成石漠化综合治理的"花江模式"，使当地石漠化面积降低 35%，生态治理对农民增收贡献达到 50%；形成沙漠化治理的"库布齐模式"，治理内蒙古库布齐沙漠和新疆塔克拉玛干北缘面积分别约 6 000 平方千米和 40 平方千米，汇聚了世界荒漠化防治最新技术和产业化发展成功经验，推动全球荒漠化防治技术转移。

（5）强化执法检查和责任追究

坚持用最严格制度、最严密法治保护生态环境。以自然资源资产离任审计结果和生态环境损害情况为依据，建立生态环境损害责任终身追究制。对在生态环境方面造成严重破坏、负有责任的干部，不得提拔使用或转任重要职务。对生态环境保护责任没有落实、推诿扯皮、没有完成工作任务的，依纪依法严格问责、终身追责。加强生物多样性保护执法检查，集中开展打击破坏野生动植物资源违法犯罪专项行动。开展"绿盾"自然保护区监督检查专项行动，加强对自然保护区开发建设活动的监督和执法，严肃查处自然保护区内的各种违法违规活动。健全国门生物安全防范机制，防范物种资源丧失和外来物种入侵。

（6）政府主导与公众参与

生物多样性保护是一项功在当代、利在千秋的公益事业。各级政府是生物多样性保护的责任主体，只有充分发挥政府的主导作用，加强各级政府和部门协同合作，才能推动和做好生物多样性保护和管理工作。公众和企业是生物多样性保护的中坚力量，充分发挥社会公众和企业的作用，提高全民生物多样性保护意识，探索建立社会监督生物多样性保护的机制和政策。积极推动公众和企业参与生物多样性保护活动，形成全社会共同推进生物多样性保护和可持续发展的氛围。

（7）推动国际合作与交流

每个国家的生物都是全球生态系统整体链条上的节点，彼此之间有着千丝万缕的联系。生物多样性保护是一个国际性课题，需要世界各国共同努力。必须同舟共济、共同努力，构筑尊崇自然、绿色发展的生态体系，推动全球生态环境治理，建设清洁美丽世界。广泛推动多边、双边和南南合作，加强合作平台建设，引进和推广国际先进技术，交流和共享先进经验，不断扩大相互合作范围，提升合作层次，积极建立多元化的生物多样性保护伙伴关系，共同引领全球生物多样性保护事业向前发展。

5.2 存在的主要问题

中国生物多样性保护虽然取得长足的进展，但发展和生物多样性保护之间依然存在着矛盾，生物多样性下降的总体趋势尚未得到有效遏制。法律法规体系有待完善，生物多样性底数不清，观测和预警能力有待加强，保护基础设施建设滞后，保护资金仍需增加，技术支持力量相对薄弱，保护队伍建设滞后，公众保护意识有待进一步提高，参与机会和平台相对较少。

（1）法律法规体系有待进一步完善

尽管中国制修订了一系列法律法规，但在国际国内新形势下，一些法律法规已不适应当前生物多样性保护监管要求，同时在生物遗传资源获取与惠益分享、湿地保护、外来入侵物种管理等方面尚没有专门的法律法规。

（2）全社会保护意识和参与能力有待提高

一些地方和部门对保护生物多样性的重要性认识不到位，重经济发展、轻生态保护的思想仍然存在。一些地方政府责任落实不到位，一旦经济发展与生物多样性相冲突，往往以牺牲生物多样性为代价推动经济发展。一些企业对参与生物多样性保护的积极性不高。一些公众生物多样性保护意识较为淡薄，参与保护的积极性较低。

（3）经济社会发展同保护的矛盾仍然存在

经济社会发展同保护的矛盾仍然存在。城镇化和工矿交通用地增加，挤占大量自然生态空间，导致灌丛、草地等自然生境面积减少，损害了生物多样性。有的地方为追求经济利益，多次不合理调整甚至撤销自然保护区，部分地方在自然保护区内，甚至在核心区和缓冲区内盲目开发建设，削弱了自然保护区的生态功能和价值。

（4）保护基础设施建设薄弱

虽然中国部分国家级自然保护区开展了规范化建设，但总体上自然保护区管护能力和基础设施建设薄弱。目前中国野生药用植物资源持续下降，三七、人参等重要药用植物的野生种群十分稀少，亟须建设药用植物资源保存设施，抢救性地保护珍贵的野生药用植物资源。中国植物园体系和野生动物繁育体系还不完善，重要农作物种质资源收储能力不足。

（5）科技支撑能力有待进一步提升

在国家科技计划支撑下，生态系统功能维持机制、物种濒危机理及最小种群维持机制研究等初见成效。生物多样性编目已取得阶段性进展，但仍存在空白和薄弱环节，如生物多样性本底仍不清楚；基因资源的开发利用水平较低，对已收集的大量种质资源缺少全面系统的评价，分子水平的基因鉴定技术水平低；外来入侵物种防控和生物物种资源进出境查验技术缺乏等，需要进一步加强生物多样性保护基础研究和技术研发。

（6）资金管理仍需加强

在生物多样性调查与观测、生物多样性保护基础设施建设、生物多样性科学研究等方面需要进一步统筹好资金的使用。虽然已开展生物多样性本底调查试点工作，但大规模的本底调查工作尚未开展。中国部分地区的自然保护区建设和管理存在资金投入不足、运行经费缺乏的问题，其中西部地区尤为严重。尽管在流域、森林、草原、湿地和重点生态功能区等领域逐步加大生态补偿力度，但生态补偿资金来源单一，主要以政府投入为主，多元化的、市场化的生态补偿机制尚需进一步完善。

5.3　科学技术需求

（1）调查与监测

基于人工智能的物种识别技术；生物分类的 DNA 条形码技术；DNA 条形码数据库；生物遗传资源和相关传统知识调查技术；应用现代信息技术、生物技术和遥感技术开展生物多样性调查与监测；生物多样性监测网络设计技术与工具；生物多样性监测网络与预警中心建设；多源、多尺度生物多样性数据集成技术；生物多样性数据库和信息系统建设；生物多样性大数据深度挖掘技术。

（2）就地与迁地保护

生物多样性就地保护系统规划技术与工具；自然保护地分类和分级标准与规范；自然保护地有效管理技术；自然保护地资源适度利用技术；生物廊道设计与管理技术；生物多样性就地保护网络建设；重要珍稀濒危物种的人工繁育与野化回归技术；种质资源收集和保存技术；重要野生动植物和种质资源迁地保护体系建设。

（3）退化生态系统恢复与重建

单一人工林生物多样性提升技术；退化湿地生态系统恢复与重建技术；退化、沙化和盐渍化草地生态系统治理技术；退化海洋生态系统修复技术；受外来物种入侵的退化生态系统恢复技术。

（4）生物安全评价与监测

外来物种风险评估技术；外来入侵物种监测和预警技术；外来入侵物种可持续控制和环境管理技术；转基因生物环境安全评价和监测技术；转基因生物环境风险防控技术；外来物种和转基因生物风险评估设施和预警中心建设。

（5）持续利用

生态空间规划和用途管控技术；生态系统服务功能权衡与提升技术；生态农业技术；测土配方施肥、农药精准高效施用技术；重要珍稀濒危物种的替代品开发技术；野生中草药人工栽培技术；野生经济动物人工饲养技术；生物遗传资源的发掘、整理、检测、培育和性状评价技术；基因功能分析应用技术平台建设。

（6）生物多样性价值评估与生态补偿机制

生态系统服务功能和物种多样性价值的评估指标体系与方法；生物遗传价值评估指标和方法；生物多样性价值市场化实现手段与机制；生物遗传资源及相关传统知识惠益分享机制；生态补偿机制与融资手段。

（7）生物多样性保护决策管理

生物多样性变化综合分析模型；多目标决策分析、最优化空间规划和战略环评等政策工具；基于土地利用和保护目标的情景设计工具和方法；生物多样性情景分析系统建设；生物多样性保护目标进展评估指标体系和方法；生物多样性保护目标设计与评估决策支持系统。

5.4 今后重点工作

（1）加强法律法规体系建设

完善生物多样性保护法律法规，加大执法监督力度。修订《自然保护区条例》，加快《生物遗传资源获取与惠益分享管理条例》立法进程。研究制定"生物多样性保护法""自然保护地法""湿地保护条例""外来物种管理条例"等法律法规。健全自然资源资产产权制度和用途管制制度，实行最严格的源头保护制度、损害赔偿制度和生态环境损害责任终身追究制度。完善生物多样性保护和持续利用的标准体系。加强执法能力建设，提升执法水平，加大对破坏生物多样性违法活动的打击力度，加大对物种资源出入境的执法检查力度。

（2）推进生物多样性价值主流化

加强生物多样性和生态系统服务价值评估研究，推动生物多样性在各级政府政策和管理决策中的主流化，促进将生物多样性和生态系统服务价值纳入各级政府政策规划和领导干部考核制度中。

（3）加快实施生物多样性保护重大工程

积极推动重大工程的实施。开展生物多样性调查和评估，摸清中国生物多样性家底；构建全国生物多样性观测网络，掌握生物多样性动态变化趋势；建立生物多样性调查观测和信息发布制度，定期发布生物多样性状况及变化信息，更新生物多样性红色名录；加强自然保护区等就地保护设施建设，完善保护网络体系；加强生物多样性迁地保护，确保国家战略性生物资源得到较好保存；恢复生物多样性受破坏的区域，提高生态系统服务功能；开展生物多样性保护与减贫示范，促进生物多样性丰富地区传统产业转型升级和脱贫；加强生物多样性监管基础能力建设，全面提升各级政府生物多样性保护与管理水平。

（4）加大生态系统保护修复力度

贯彻落实"山水林田湖草是一个生命共同体"的理念，打破单要素建设思路，实施整体保护、系统修复、综合治理。以提升生态系统质量和稳定性为目标，以生态保护红线、生物多样性保护网络、国家生态廊道建设、重点区域退化生态系统保护修复为重点，统筹做好生态保护修复工程顶层设计、空间布局和组织实施。

（5）拓展公众参与生物多样性保护平台

积极推进在地方社区、自然保护区、动植物园和学校开展生物多样性保护宣教活动，搭建更多的易于公众参与的生物多样性保护平台，进一步提高公众意识和保护知识。支持民间社团和非政府组织参与生物多样性保护宣传。引导企业参与生物多样性保护，分行业研究制定企业参与生物多样性保护行为准则。

（6）加强生物多样性保护管理机构能力建设

加强中国生物多样性保护国家委员会的统筹协调能力，继续发挥中国履行《公约》工作协调组和生物物种资源保护部际联席会议的作用。进一步加强各有关部门生物多样性保护相关机构的能力建设，尤其要加强对地方生物多样性保护工作的支持力度，不断提高管理能力。

（7）进一步加大保护体系建设

优化自然保护区空间布局，科学构建生物多样性保护网络，建立以国家公园为主体的自然保护地体系。加强自然保护区、风景名胜区、森林公园、湿地公园、水产种质资源保护区等管理机构能力建设。继续实施天然林资源保护、退耕还林、退牧还草、"三北"及长江流域等防护林建设、京津风沙源治理、岩溶地区石漠化综合治理、湿地保护与恢复、自然保护区建设、水土流失综合治理等重点生态工程。

（8）提高应对新威胁和新挑战的能力

坚持陆海统筹、河海兼顾原则，加强海洋生态的调查与评价，促进海洋生态自然恢复，加强海洋生物多样性保护。完善生物遗传资源获取和惠益分享监管机制。抓紧建立外来入侵物种的预警和监测体系，采取预防措施，对有意引进的外来物种进行规范的风险评估，并落实风险管理措施，组织开展对重大危害外来物种的灭杀工作。开展对转基因生物风险评估和环境影响检测的基础性研究，开发检测和监测技术，完善相关技术标准和规范。

（9）加强人才培养和科学研究

加强生物多样性保护人才培养，采取相应激励措施，鼓励和吸引青年人才投身生物多样性研究和保护事业。进一步加大科研攻关力度，着力解决生物多样性形成机制、丧失途径、保护与恢复模式、价值评估、生态补偿等方面的技术问题，加强生物遗传资源的收集、保存和开发力度，为生物多样性保护和管理提供有力的科技支撑。

（10）推进履约与国际合作

积极推进生物多样性履约与国际合作，共同履行好《公约》及《卡塔赫纳生物安全议定书》《名古屋议定书》等国际公约。实施《名古屋议定书》国家履约方案，参与生物多样性与生态系统服务政府间科学—政策平台的相关工作。深入开展与生物多样性保护相关的《联合国防治荒漠化公约》《关于特别是作为水禽栖息地的国际重要湿地公约》《濒危野生动植物种国际贸易公约》《保护世界文化和自然遗产公约》《粮食和农业植物遗传资源国际条约》的履约工作。加强多边、双边和南南合作，不断深化国际合作与交流。积极组织参与各类区域性、国际性环境调查与执法行动，提高打击跨境环境犯罪的能力。

参考文献

[1] 陈敏鹏，陈吉宁. 中国区域土壤表观氮磷平衡清单及政策建议. 环境科学，2007，28（6）：1305-1310.

[2] 国家林业局. 全国林业发展统计公报（2000—2017年）. http://www.forestry.gov.cn/.

[3] 国家林业局. 中国荒漠化和沙化状况公报. http://www.forestry.gov.cn/.

[4] 国家林业局. 中国林业统计年鉴（2000—2016年）. 北京：中国林业出版社.

[5] 国家林业局经济发展研究中心，国家林业局发展规划与资金管理司. 国家林业重点工程社会经济效益监测报告（2003—2017年）. 北京：中国林业出版社，2018.

[6] 国家林业局，国家统计局. 中国森林资源核算报告. 2014.

[7] 国家统计局. 中国统计年鉴（2000—2017年）. 北京：中国统计出版社，2018.

[8] 国家统计局. 国民经济和社会发展统计公报（2000—2016年）. http://www.stats.gov.cn/.

[9] 环境保护部，中国科学院. 中国生物多样性红色名录——高等植物卷. 2013.

[10] 环境保护部，中国科学院. 中国生物多样性红色名录——脊椎动物卷. 2015.

[11] 环境保护部. 中国生物多样性保护战略与行动计划. 北京：中国环境科学出版社，2011.

[12] 环境保护部. 中国环境状况公报（2000—2016年）. http://www.mep.gov.cn.

[13] 蒋志刚，马克平. 保护生物学原理. 北京：科学出版社，2014.

[14] 农业部. 全国草原监测报告（2005—2016年）. http://www.moa.gov.cn/.

[15] 农业部. 中国农业年鉴（2000—2016年）. 北京：中国农业出版社.

[16] 农业部. 全国畜禽遗传资源保护和利用"十三五"规划. http://www.moa.gov.cn/.2016.

[17] 农业部. 中国农业统计资料（2000—2017年）. 北京：中国农业出版社.

[18] 农业部，国家发展改革委员会，科技部. 全国农作物种质资源保护与利用中长期发展规划（2015—2030年）. 2015.

[19] 农业部. 农业部关于加快蜜蜂授粉技术推广促进养蜂业持续健康发展的意见. 中国蜂业，2010，61（5），5-6.

[20] 裴盛基. 传统医药现代化与民族医药的传承. 中国民族民间医药杂志，2000，1：1-3.

[21] 生态环境部. 2017中国生态环境状况公报. http://www.mep.gov.cn.2018.

[22] 生态环境部，农业农村部，水利部. 重点流域水生生物多样性保护方案. 2018.

[23] 生态环境部，中国科学院. 中国生物多样性红色名录——大型真菌卷. 2018.

[24] 生态环境部南京环境科学研究所. 2017年全国生物多样性观测报告. 2018.

[25] 世界卫生组织.2017年世界疟疾报告.2017.

[26] 王情，岳天祥，卢毅敏，等.中国食物供给能力分析.地理学报，2010，65（10）：1229-1240.

[27] 汪松，解焱.中国物种红色名录（第一卷）.北京：高等教育出版社，2004.

[28] 王述民，李立会，黎裕，等.中国粮食和农业植物遗传资源状况报告（Ⅰ）.植物遗传资源学报，2011，12（1）：1-12.

[29] 吴建国，周巧富，李艳.中国生物多样性保护适应气候变化的对策.中国人口·资源与环境，2011，21（3）：435-439.

[30] 谢高地，张彩霞，张昌顺，等.中国生态系统服务的价值.资源科学，2015，37（9）：1740-1746.

[31] 徐海根，曹铭昌，吴军，等.中国生物多样性本底评估报告.北京：科学出版社，2013.

[32] 徐海根，强胜.中国外来入侵生物（修订版）.北京：科学出版社，2018.

[33] 薛达元，郭泺.论传统知识的概念与保护.生物多样性，2009，17（2）：135-142.

[34] 应俊生，陈梦玲.中国植物地理.上海：上海科学技术出版社，2011.

[35] 於琍，许红梅，尹红，等.气候变化对陆地生态系统和海岸带地区的影响解读.气候变化研究进展，2014，10（3）：179-184.

[36] 中国药材公司.中国中药资源.北京：科学出版社，1995.

[37] 住房和城乡建设部.中国风景名胜区事业发展公报（1982—2012年）.

[38] 袁婧薇，倪健.中国气候变化的植物信号和生态证据.干旱区地理，2007，30（4）：465-473.

[39] 张琨，吕一河，傅伯杰.黄土高原典型区植被恢复及其对生态系统服务的影响.生态与农村环境学报，2017，33（1）：23-31.

[40] Fang JY, Yu GR, Liu LG, et al. Climate change, human impacts, and carbon sequestration in China. Proceedings of the National Academy of Sciences of the United States of America, 2018, 115(16): 4015-4020.

[41] Halpern BS, Longo C, Hardy D, et al. An index to assess the health and benefits of the global ocean. Nature, 2017, 488(7413): 615.

[42] He N, Wen D, Zhu J, et al. Vegetation carbon sequestration in Chinese forests from 2010 to 2050. Global Change Biology, 2017, 23(4): 1575-1584.

[43] IPBES. Summary for policy makers of the assessment report of the Intergovernmental Science-Policy Platform on Biodiversity and Ecosystem Services on pollinators, pollination and food production. In: Intergovernmental Science-Policy Platform on Biodiversity and Ecosystem Services Deliverables of the 2014—2018 Work Programme (eds Potts SG, Imperatriz-Fonseca VL, Ngo HT, Biesmeijer JC, Breeze TD, Dicks LV, Garibaldi LA, Hill R, Settele J, Vanbergen AJ, Aizen MA, Cunningham SA, Eardley C, Freitas BM, Gallai N, Kevan PG, Kovács-Hostyánszk A, Kwapong PK, Li J, Li X,

Martins DJ, Nates-Parra G, Pettis JS, Rader R, Viana BF), pp. 1-28. IPBES, Bonn, Germany, 2016.

[44]   Li L, Li SM, Sun JH, et al. Diversity enhances agricultural productivity via rhizosphere phosphorus facilitation on phosphorus-deficient soils. Proceedings of the National Academy of Sciences of the United States of America, 2007, 104(27): 11192-11196.

[45]   Li B, Li YY, Wu HM, et al. Root exudates drive interspecific facilitation by enhancing nodulation and N_2 fixation. Proceedings of the National Academy of Sciences of the United States of America, 2016, 113(23): 6496-6501.

[46]   Research Institute of Organic Agriculture (FiBL) and IFOAM - Organics International. The World of Organic Agriculture - Statistics and Emerging Trends (2000—2018).

[47]   Tittensor DP, et al. A mid-term analysis of progress toward international biodiversity targets. Science, 2014, 346: 241-244.

[48]   WWF, et al. 地球生命力报告，中国 2015.

[49]   Xie J, Hu L, Tang J, et al. Ecological mechanisms underlying the sustainability of the agricultural heritage rice-fish coculture system. Proceedings of the National Academy of Sciences of the United States of America, 2011,108: E1381-1387.

[50]   Zhu YY, Chen HR, Fan JH, et al. Genetic diversity and disease control in rice. Nature, 2000, 406(6797): 718-722.

附　录

附录 1　有关缔约方和本报告编制的情况

A 缔约方

缔约方	中国
国家联络点	
机构全称	生态环境部国际合作司
联系人姓名和职称	夏应显 处长
通信地址	中国北京市西直门内南小街 115 号
电话	+86-10-66556518
传真	+86-10-66556513
电子邮件	xia.yingxian@mee.gov.cn
国家报告联系人（若与上面不同）	
机构全称	生态环境部自然生态保护司生物多样性保护处
联系人姓名和职称	井欣 处长
通信地址	中国北京市西直门内南小街 115 号
电话	+86-10-66556322
传真	+86-10-66556329
电子邮件	jing.xin@mee.gov.cn
提交	
负责提交国家报告的官员	
提交日期	

B 国家报告编制过程

1. 制定编制方案

2017 年 8—10 月，环境保护部制定了第六次国家报告编制工作方案，明确了报告编制要求、时间进度和任务分工。

2. 制定报告大纲和评估指标体系

2017 年 11 月—2018 年 3 月，研究制定了报告大纲和国家生物多样性评估指标体系，并根据指标体系，确定了数据需求清单。

3. 资料调研、整理和起草报告

2018 年 4—7 月，采用文献调研、部门调查、专题研究等形式，收集整理了有代表性的案例、信息和数据，在此基础上起草了国家报告初稿。

4. 召开专家咨询会，讨论并修改报告初稿

2018 年 7 月 31 日，在北京召开了国家报告第一次专家咨询会，来自发改委等 15 个部门的专家对报告初稿进行了讨论并提出修改意见。会议进一步邀请相关部门为报告提供典型案例。在充分吸收各方面意见、整理相关案例的基础上，形成了第六次国家报告讨论稿。

5. 召开审议会，对报告讨论稿进行审议

2018 年 9 月 4 日，在北京召开了国家报告讨论稿审议会，发改委等 16 个部门的代表和专家参加会议。根据审议会提出的修改意见，形成了国家报告征求意见稿。

6. 向相关部门征求意见

2018 年 9 月 30 日，生态环境部向发改委等 16 个部门发函征求意见。根据反馈意见，进一步修改完善了国家报告征求意见稿，形成了国家报告报批稿。

7. 第六次国家报告的翻译、报批与提交

2018 年 11 月初，第六次国家报告报批稿中文版被翻译成英文。2018 年 11 月中旬，第六次国家报告报批稿中、英文版得到生态环境部批准，2018 年 12 月，通过在线填报工具将第六次国家报告提交至《公约》秘书处。

参与编制的各方：

生态环境部、国家发展和改革委员会、教育部、科学技术部、财政部、自然资源部、住房和城乡建设部、水利部、农业农村部、商务部、海关总署、国家国际发展合作署、中国科学院、国家林业和草原局、国家中医药管理局、国家知识产权局、国务院扶贫办公室、国土资源部土地整治中心、中国科学院科技促进发展局、中国水利水电科学研究院、中国科学院植物研究所、中国检验检疫科学研究院、中国农业科学院、中国中医科学院、北京植物园、北京市园林科学研究院、中央民族大学、中国农业大学、北京林业大学、中国环境科学研究院、生态环境部卫星环境应用中心、生态环境部环境保护对外合作中心、生态环境部南京环境科学研究所。

感谢全球环境基金（GEF）和联合国开发计划署（UNDP）对本报告编制工作的支持。

附录 2　本报告编制人员名单

报告最终审核：李干杰　生态环境部部长

黄润秋　生态环境部副部长

报告编制组织：崔书红　生态环境部自然生态保护司司长

柏成寿　生态环境部自然生态保护司副司长

报 告 统 稿：徐海根　生态环境部南京环境科学研究所研究员 / 副所长

井　欣　生态环境部自然生态保护司生物多样性保护处处长

曹铭昌　生态环境部南京环境科学研究所研究员

于丹丹　生态环境部南京环境科学研究所博士

报告编制专家组名单：

专家组组长：徐海根

第一章　曹铭昌　徐海根

第二章　胡飞龙　曹铭昌　徐海根

第三章　于丹丹　胡飞龙　吴　翼　乐志芳　卢晓强　童文君　徐海根

第四章　于丹丹

第五章　曹铭昌　徐海根

制　图　胡飞龙

报告编制秘书组：

万夏林　纪文婧　郭晓平　杨礼荣　傅钰琳　邹玥屿

《第六次国家报告》编制专家组第一次专家咨询会参会人员名单

（2018 年 7 月 31 日，北京）

姓　名	单　位	职称 / 职务
井　欣	生态环境部自然生态保护司	处长
万夏林	生态环境部自然生态保护司	项目官员
纪文婧	生态环境部自然生态保护司	项目官员
李广宇	科学技术部社会发展科技司	干部
曹子祎	农业农村部科技教育司	调研员
叶　凡	商务部世界贸易组织司	随员
李　宁	海关总署口岸监管司	主任科员
张　熙	知识产权局条法司	干部
张　良	国务院扶贫办公室（厅）综合司	副司长

姓　名	单　位	职称／职务
马克平	中国科学院植物研究所	研究员
徐　靖	中国环境科学研究院	副研究员
许　瑾	中国检验检疫科学研究院	副研究员
杨　光	中国中医科学院中药资源中心	副研究员
张佐双	北京植物园	原园长、教授级高级工程师
李　隆	中国农业大学	教授
杨礼荣	生态环境部环境保护对外合作中心	处长
邹玥屿	生态环境部环境保护对外合作中心	项目官员
傅钰琳	生态环境部环境保护对外合作中心	项目官员
曹铭昌	生态环境部南京环境科学研究所	研究员
胡飞龙	生态环境部南京环境科学研究所	助理研究员
于丹丹	生态环境部南京环境科学研究所	助理研究员
童文君	生态环境部南京环境科学研究所	助理研究员
吴　翼	生态环境部南京环境科学研究所	助理研究员

《第六次国家报告》电话会议参会人员名单
（2018 年 8 月 27 日，南京）

姓　名	单　位	职称／职务
井　欣	生态环境部自然生态保护司	处长
徐海根	生态环境部南京环境科学研究所	研究员／副所长
Marion Marigo	联合国开发计划署	技术专家
傅钰琳	生态环境部环境保护对外合作中心	项目官员
曹铭昌	生态环境部南京环境科学研究所	研究员
卢晓强	生态环境部南京环境科学研究所	副研究员
于丹丹	生态环境部南京环境科学研究所	助理研究员
胡飞龙	生态环境部南京环境科学研究所	助理研究员

《第六次国家报告》编制审议会参会人员名单
（2018 年 9 月 4 日，北京）

姓　名	单　位	职称／职务
柏成寿	生态环境部自然生态保护司	副司长
井　欣	生态环境部自然生态保护司	处长
纪文婧	生态环境部自然生态保护司	项目官员

姓　名	单　位	职称 / 职务
辜　丽	生态环境部国际合作司	副处长
李人杰	教育部科学技术司	副处长
肖尧文	科学技术部社会发展科技司	副主任科员
赵丽莉	住房和城乡建设部城市建设司	副调研员
朱龙基	水利部水资源管理司	高级工程师
李垚奎	农业农村部科技教育司	干部
丁　涛	商务部世界贸易组织司	一秘
王　旭	国际发展合作署	主任科员
李　云	国家林业和草原局	主任
陈榕虎	国家中医药管理局科技司	处长
姚　忻	国家知识产权局条法司	副调研员
张　良	国务院扶贫办综合司	副司长
王　凯	国务院扶贫办综合司	干部
高世昌	自然资源部土地整治中心	处长
肖　文	自然资源部土地整治中心	工程师
周　桔	中国科学院科技促进发展局	处长
彭文启	中国水利水电科学研究院	所长
杨庆文	中国农业科学院作物科学研究所	研究员
李明福	中国检验检疫科学研究院	副主任
赵世伟	北京市园林科学研究院	总工程师
成　功	中央民族大学生命与环境科学学院民族地区环境资源保护研究所	副所长
邵小明	中国农业大学资源与环境学院	教授
徐基良	北京林业大学	教授
高吉喜	生态环境部卫星环境应用中心	研究员 / 主任
杨礼荣	生态环境部环境保护对外合作中心	处长
邹玥屿	生态环境部环境保护对外合作中心	项目官员
傅钰琳	生态环境部环境保护对外合作中心	项目官员
曹铭昌	生态环境部南京环境科学研究所	研究员
于丹丹	生态环境部南京环境科学研究所	助理研究员
胡飞龙	生态环境部南京环境科学研究所	助理研究员

附录 3　本报告涉及的国务院下设机构名称变更情况

根据国务院关于机构设置的通知（国发〔2018〕6 号），本报告涉及的国务院下设机构名称变更如下。

序号	原机构名称	现机构名称
1	环境保护部	生态环境部
2	农业部	农业农村部
3	国土资源部	自然资源部
4	国家工商行政管理总局	国家市场监督管理总局
5	国家质量监督检验检疫总局	国家市场监督管理总局
6	国家食品药品监督管理总局	国家市场监督管理总局
7	国家林业局	国家林业和草原局
8	国家新闻出版广电总局	国家广播电视总局

附录4　生物多样性评估指标体系

一级指标	二级指标及其含义	算法和数据来源
压力		
1. 环境污染	（1）主要污染物排放量（化学需氧量、氨氮、二氧化硫、氮氧化物、废气、固体废物）：是指在一定时间跨度和空间区域内各种排放源向环境排放的主要污染物的量，表征环境污染对生物多样性的威胁状况	采用《中国生态环境状况公报》的统计数据
	（2）单位GDP污染物排放量：是指单位国内生产总值污染物排放量，表征新创造的单位经济价值的环境负荷的大小，也间接反映区域经济对环境的影响程度	采用国家统计局网站的环境统计数据
	（3）单位GDP能耗：能源消费总量与GDP的比率，是反映能源消费水平和节能降耗状况的主要指标	采用《国民经济和社会发展统计公报》的统计数据
	（4）单位GDP碳排放量：是指每生产单位GDP所排放的二氧化碳数量	采用国家发改委的环境统计数据
	（5）氮盈余[*]：根据氮平衡量的定义和物质守恒原理，系统氮输入与氮输出的差值称为氮平衡量，当氮素输入大于输出时，氮平衡量为正值，系统氮素表现为盈余状态，此时氮平衡量也称氮盈余量。大气中氮盈余量的增加会导致其在陆地和水域生态系统中较高的沉降，进而对生物多样性产生严重的威胁	利用经济合作与发展组织（OECD）的土壤表观养分平衡模型计算获取，盈余量包括淋溶到深层土壤、地下水和地表水等的氮量。其中，氮输入主要为化肥输入氮、人畜粪便返田氮、生物固氮、大气沉降氮和种子带入氮与秸秆还田氮，氮输出主要为作物收获氮、反硝化脱氮和氨挥发脱氮。具体核算方法请参见文献（陈敏鹏和陈吉宁，2007）
2. 外来物种入侵	（6）每10年新发现的外来入侵物种种数：表征入侵物种对本地物种的威胁程度	采用调查数据计算获取。具体核算方法请参见《中国外来入侵生物（修订版）》（徐海根和强胜，2018）
	（7）口岸截获有害生物的种数和批次：表征口岸外来有害生物的入侵风险	采用口岸查验数据

一级指标	二级指标及其含义	算法和数据来源
3. 资源耗用	（8）生态足迹 *：是指用来提供人类使用的可再生资源的生物生产性土地和渔业用地面积，并且包括建设用地和吸收人类活动产生的二氧化碳用地。这一测度评价的是人类对生态系统供给可再生资源（包括食物、木材、纤维、生物质燃料）与吸收二氧化碳废物这两大类生态服务的需求程度。基于人类对这两大类生态服务需求，生态足迹可分解为生物质足迹与碳足迹（即碳吸收用地）；基于提供生态服务的土地利用类型，生物质足迹可分解为五类足迹组分：农田、草地、林地、渔场和建设用地	数据通过全球足迹网络（https://www.footprintnetwork.org/）查询获取，具体核算方法请参见（Wackernagel and Rees，1996）

状态

一级指标	二级指标及其含义	算法和数据来源
4. 生态系统宏观结构	（9）森林、湿地、草地等生态系统的面积及比例	采用遥感数据计算
5. 生态系统健康状况	（10）森林生态系统净初级生产力：是指绿色植物在单位时间、单位面积上由光合作用所产生的有机物质总量中扣除自养呼吸后的剩余部分，是生态系统功能的基础	利用 CASA 模型进行计算。具体核算方法请参见文献（Potter et al., 1993; Field et al., 1995）
	（11）天然林面积：表征区域系统的稳定性和自我恢复能力	采用森林资源清查数据
	（12）活立木总蓄积量：一定区域范围土地上所有生长着全部树木的蓄积量之和。表征林地的生产力情况	采用森林资源清查数据
	（13）天然草原鲜草总产量：表征草原的生产力情况	采用农业农村部草原监测数据
	（14）陆地生态系统固碳量 *：二氧化碳或其他形式的碳被植物和土壤吸收并长期储存的过程（包括植被固碳和土壤固碳两部分），可以减轻或延缓全球变暖，是减缓由化石燃料燃烧释放到大气和海洋中的温室气体积累的一种方式	利用样地调查数据计算获取。具体核算方法请参见文献（Zhao et al., 2018; Lu et al., 2018）

一级指标	二级指标及其含义	算法和数据来源
5.生态系统健康状况	（15）海洋营养指数*：海洋捕捞收获的鱼类品种的平均营养级，反映海洋食物链的长短，进而反映海洋生态系统的抗干扰能力和完整性。海洋营养级指数的年间变动表征了海洋生态系统状况的变化和趋势	从 FAO 网站获取渔获物捕捞量资料，依据国际通用的 Fish Base（http://www.fishbase.org）和 Sea Around US（http:// www.seaaroundus.org）数据库确定 129 种海洋生物的营养级。具体核算方法请参见文献（Pauly et al., 1998; 杜建国等，2014）
	（16）地表水水质优良（Ⅰ～Ⅲ类）水体比例：表征地表水水环境质量状况	采用《全国地表水水质月报》的统计数据
6.物种多样性	（17）红色名录指数*：基于评估间隔期内目标物种在灭绝风险等级上的变化，测量一组物种灭绝风险的整体性趋势的一个量化指数，表示特定生物类群濒危等级的总体变化	可分别对相关类群进行计算
	（18）地球生命力指数*：通过对不同生态系统和地区的哺乳动物、鸟类、两栖爬行动物和鱼类等物种丰度变化的表述，表征生物多样性状况和生态系统健康变化趋势	基于各物种种群的年变化速率的平均值，以 1970 年为基准（1970 年的 LPI 值 =1），随后年份与 1970 年相比，各物种种群变化的平均值即该年的 LPI 值，具体核算方法请参见文献（McRae et al., 2010）
	（19）海洋生物多样性指数：表征海洋生物多样性的变化	对调查采集的大型底栖动物进行分类鉴定后，按不同种类准确统计个体数，采用 Shannon-Wiener 多样性指数进行分析，可采用《全国海洋生态环境状况公报》的统计数据，具体核算方法请参见文献（Shannon and Wiener, 1949）
7.遗传资源	（20）地方品种资源保存数量：表征传统遗传资源的保护情况	采用农业农村部的统计数据

一级指标	二级指标及其含义	算法和数据来源
惠益		
8. 生态系统服务的提供	（21）食物供给服务：是指生态系统提供给人类的可以在市场中进行交换的产品或服务。主要包括粮食和畜牧产品等	从农田和草地生态系统的实际的食物生产能力出发，利用食物营养转化模型，将各类食物供给折算成人类生存所需的热量来表示中国陆域生态系统食物供给能力，具体核算方法请参见文献（王情等，2010）
	（22）生态调节服务：是指生态系统提供的水源涵养、防风固沙、土壤保持等生态系统服务	采用遥感数据计算，具体核算方法请参见文献（Ouyang et al., 2016）
	（23）海洋健康指数：综合评估海洋为人类提供福祉的能力	采用联合国环境规划署的世界保护监测中心（WCMC-UNEP）提供的指标数据
9. 直接依赖于当地生态系统服务的居民福祉的变化	（24）林业重点生态工程区贫困人口数量：表征生态系统服务满足贫穷和脆弱群体的需要的程度趋势	采用国家林业和草原局林业重点生态工程监测数据
	（25）农村居民家庭人均纯收入：表征生态系统服务满足贫穷和脆弱群体的需要的程度趋势	采用《中国统计年鉴》的统计数据
响应		
10. 自然保护区体系建设	（26）自然保护区数量和面积[*]	采用《中国生态环境状况公报》的统计数据
	（27）陆地生物多样性优先保护区内自然保护区的面积比例	采用《中国生态环境状况公报》的统计数据
	（28）风景名胜区数量和面积	采用住房和城乡建设部统计数据
	（29）森林公园数量和面积	采用国家林和草原业局统计数据
	（30）国家级水产种质资源保护区数量和面积	采用农业农村部的统计数据
	（31）海洋特别保护区面积占中国管辖海域面积的比例[*]	采用原国家海洋局的统计数据
	（32）保护区生态代表性指数[*]：表征具有生态代表性的保护区的趋势	通过生物多样性指标联盟(Biodiversity Indicators Partnership, BIP）网站获取

一级指标	二级指标及其含义	算法和数据来源
11. 种质资源保有量	（33）农作物遗传资源保有量	采用《中国农业年鉴》的统计数据
	（34）林木遗传资源保有量	采用农业农村部的统计数据
	（35）畜禽遗传资源保有量	采用农业农村部的统计数据
	（36）农业野生植物原生境保护区（点）数量	采用农业农村部的统计数据
12. 可持续利用与管理	（37）有机农业用地面积占农业用地面积的百分比*：表征可持续农业面积比例的趋势	采用瑞士有机农业研究所（Research Institute of Organic Agriculture, FiBL）发布的《世界有机农业年鉴》的统计数据
	（38）国家级公益林面积：表征森林可持续管理水平	采用中国林业统计年鉴数据
	（39）休渔面积占内陆水体或海域面积的百分比：表征可持续渔业面积比例的趋势	采用农业农村部的统计数据
	（40）天然草原牲畜超载率：一定的草地面积，在一定利用时间内，所承载饲养家畜的头数。表征草原的生态保护和利用状况	采用农业农村部草原监测数据
13. 政策和规划的实施	（41）编制省级战略与行动计划的数量：表征制定和执行《省级生物多样性战略和行动计划》的情况	采用生态环境部的统计资料
	（42）与生物多样性保护和可持续利用相关的国家层面和各部门政策数量：表征我国将生物多样性和生态系统服务价值纳入各部门和发展政策的情况	可通过查询相关部委网站获取
	（43）国家及省级层面出台的生态补偿及相关政策的数量：表征我国促进保护和可持续利用生物多样性的措施的制定情况	可通过查询相关部委网站获取
	（44）国家及省级层面出台的生态环境损害赔偿制度的数量，表征我国促进保护和可持续利用生物多样性的措施的制定情况	采用相关部委的统计数据

一级指标	二级指标及其含义	算法和数据来源
14. 生境保护与恢复	（45）重点生态工程区森林覆盖率*：重点生态工程区内森林植被在地面的垂直投影面积占生态工程区总面积的百分比，是刻画重点生态工程区内森林植被覆盖的重要参数，也是指示生态环境变化的基本指标	采用国家林业和草原局林业重点生态工程监测数据
	（46）重点生态工程区森林蓄积量：表征森林复原情况	采用国家林业和草原局林业重点生态工程监测数据
	（47）荒漠化和沙化土地面积的净减少量*：表征退化生态系统的复原情况	采用《中国荒漠化和沙化状况公报》的统计数据
	（48）重点生态工程区草原植被覆盖度：表征草原复原情况	采用重点生态工程区草原监测数据
15. 污染控制	（49）清洁能源占比：是指其开发、使用对环境无污染的能源，包括核能和可再生能源。清洁能源占比的提升有效降低了对于传统能源的需求	采用《国民经济和社会发展统计公报》的统计数据
	（50）城市集中式饮用水水源地水质达标率：是指向城市市区提供饮用水的集中式水源地达标水量占总取水量的百分比。表征饮用水水源地的水质情况	采用《中国环境状况公报》的统计数据
	（51）全国烟气脱硫机组装机容量及其占全部火电机组容量的比例	采用环境统计数据
16. 资源综合利用	（52）农作物秸秆综合利用率：是指综合利用的秸秆数量占秸秆总量的比例。表征农村面源污染治理情况	采用《中国农业年鉴》的统计数据
	（53）处理农业废弃物工程年产量	采用《中国农业统计资料》的统计数据
	（54）处理农业废弃物工程总池容	采用《中国农业统计资料》的统计数据
	（55）生活污水净化沼气池村级处理系统总池容	采用《中国农业统计资料》的统计数据
17. 外来入侵物种安全管理	（56）发布的外来入侵物种风险评估标准的数量	采用农业农村部、国家林业和草原局、质检总局门户网站的统计数据
18. 公众意识	（57）不同年份通过百度检索到有关中国生物多样性的条目*	可通过百度网络（https://www.baidu.com）检索

一级指标	二级指标及其含义	算法和数据来源
19. 与生物多样性保护有关的知识	（58）相关非物质文化遗产申请的数量：表征对传统文化知识和做法予以尊重的趋势	可通过文化和旅游部门户网站查询
	（59）已记录的中医药相关法律法规的数量：表征对传统医药知识和做法予以尊重的趋势	可通过中医药—法律法规—110网站（http://www.110.com/）查询
	（60）已认定的地理标志产品的数量：表征对地理标志文化予以尊重的趋势	可通过中国地理标志网（http://www.zgdlbzw.com/）查询
	（61）生物多样性研究领域的专利申请数量	采用国家知识产权局的统计数据
	（62）有关生物多样性保护的论文数量	采用文献数据库计算
	（63）国家研发投入占 GDP 的比例	采用《国家统计公报》的统计数据
	（64）物种出现记录：表征用于执行《公约》的已维护物种数	在全球生物多样性信息网络（GBIF）查询有关中国的"物种出现记录"
20. 生物多样性保护相关资金的投入	（65）国家及省级生态保护资金投入	采用生态环境部、农业农村部等相关部委的统计数据
	（66）国家重点生态功能区转移支付县数和投入：表征调动财政资源方面的趋势	采用《中国生态环境状况公报》的统计数据

注：*标注的指标表示第四版《全球生物多样性展望》中采用的指标。